世界の天変地異 本当にあった気象現象

謝辞

　私が事実として記した文章を厳しく検証してくださった方々に、心から感謝します。氷河学者ニーナ・キルシュネル、地震学者ビョルン・ルンド、物理学者ドーナル・マータ、生態学者ペッラ・ティエル、医師パウラ・ヴァルモン。全員が誤りを正し、表現を明確にする手助けをしてくださいました。

世界の天変地異

本当にあった気象現象

マッティン・ヘードベリ 著

ヘレンハルメ美穂 訳

CONTENTS

はじめに

　スウェーデン人は、気象のことばかり考えているといっても過言ではない。どんなときでも天気の話になる。会話のきっかけが欲しいとき、春が来て花が咲きはじめているのを見たとき、山奥で大雪に降られて動けなくなったとき。せっかくの夏休みなのに雨でうんざりだとか、クリスマスなのに雪が積もらずがっかりだとか、水不足で農業や林業に携わる人は大変だとか、そういう話になることもある。加えて、日々の天候を語るに当たっては、気候変動のさまざまな側面も無視できない。

　天候に並々ならぬ関心を寄せているのは、なにもスウェーデン人だけではない。イギリス人が強風や霧、突然の寒波についてあれこれ話しあうのは無理もないことだ。北アメリカの人たちはもっと大変で、熱波の襲来や竜巻など、ドラマチックな気象の話題に事欠かない。とはいえ、嵐や干魃、洪水などの被害が大きいのは、往々にしてあまり裕福でない国々のほうだ。

　自然界でいま起きていることを理解し、将来なにが起きるかのシナリオを作ること、変化に適応し、そのための準備をすることは、人類にとって太古の昔から変わらない難題だ。

　多くのスウェーデン人の例に漏れず、私もまた、テレビでヨン・ポールマンとスティーグ・アールグレン（訳注：両者とも2002年までの約30年間、スウェーデン・テレビで気象予報キャスターを務めていた）を見て育ち、天気の移り変わりに合わせて余暇の予定を立ててきた。10代のころ、気象のしくみ、とりわけ山岳地域の気象に興味を引かれた。ストックホルム大学と空軍で学び、気象学者、航空士になった。このおかげで、気象予報に携わるだけでなく、大気圏を——絶えず変化し、さまざまな形で人間の暮らしを左右する、この地球の大気の中を——飛び回るチャンスを与えられた。やがて極端な気象に興味を引かれるようになったが、はじめのころは、探検旅行やスポーツをするに当たって、それに適した気象条件を探り当て、どんな事態が起こりうるかを参加者に知らせなければ、というのが主な関心事だった。

　それから徐々に、気候問題への関心が育ってきた。常に新たな条件に適応して変化し続けるシステム、いわゆる複雑適応系と呼ばれるものを、もっと探究したいと思うようになった。気象と気候は、生態系、社会の発展、技術、経済、地政学のみならず、哲学や倫理などといった"ソフトな"問題ともつながっている。このシステムを理解すると、いまや

　雷は、自然が起こす中でもとくに壮大な現象だ。積乱雲の中で、激しい気流により、無数の粒子から電子が引きはがされる。すさまじい量のエネルギーが溜め込まれて、雲の内部、あるいは雲と地面のあいだで、雷となって放出される。

　スカンジナビア半島では、夏から秋にかけての寒冷前線で積乱雲（雷雲）が発達して、雷が発生することが多い。雷雲は、太陽の力で温められた地表から空気が上昇し、雲の内部で冷やされることによって生まれる。秋になると、海の上で同じことが起こる。まだ温かい海の上に、冷たい空気が流れ出るからだ。

　雷がどこで発生したかを知るには、稲妻が見えた瞬間から雷鳴が聞こえた瞬間までの秒数を数えればいい。3秒でおよそ1キロの距離ということになる。

　空気中でどのくらい音が広がるかは、気温や湿度によって変わってくる。音のスピードに影響が及ぶからだ。それで雷鳴が稲妻とのつながりを失い、音が地表に届かない場合もある。稲妻が見えたのに雷鳴が聞こえないことがあるのはこのためだ。

森林火災は、森や土壌がごく自然にたどるプロセスの一部だが、高温に耐えきれずに害を被る動植物からすれば、災禍以外のなにものでもない。とはいえ、火災がなければ発芽しない植物もある。何百年ものあいだ土壌内で休眠していた種子が、火が鎮まったところでようやくライフサイクルを回すのだ。

森林火災が広がって抑えきれなくなる主な原因は、降水が少なすぎて地表が乾燥していることだ。単一栽培によって広大な面積に同じような森が広がっていることも、状況を悪化させる。広葉樹よりも針葉樹の森のほうが影響を受けやすい。さらに、森林火災そのものが原因となって、その地域独特の気象が生まれる。熱い煙が上昇して、周りの空気が吸い込まれ、風が発生するのだ。これがまた火災の広がりを助長する。強い上昇気流で、火のついた木々の枝が吹き上げられて、森のまだ燃えていないところに飛び火する。写真は、2018年夏にスウェーデンのノールランド地方南部を襲った大規模な森林火災のあとに撮影された。

次ページ：巨大な積乱雲の内部で、稲妻がいくつも光っている。夜間、旅客機から撮影された写真だ。雲の上のほうは氷の結晶でできていて、対流圏の上部、高度12〜15キロのところに広がっている。雲の内部で垂直に強風が吹き、雪や雹の粒が互いにぶつかってこすれあう。性質のさまざまなこれらの粒のあいだを、電子が行き来する。風船を髪にこすりつけたときのようなものだ。雪や雹の大きさはさまざまで、質量にも、形にも、空気抵抗にも差があるので、雲の内部に吹く風によって"階層化"される。これによって電位差が上がり、やがて雷という形で放電が起こる。

私たちは"人新世"──人類の時代を生きているのだ、という実感が湧いてくる。私たち人類の行動が、人類のみならず、地球上に生きるほかのあらゆる生物にも影響を及ぼしているという実感だ。私たちは自然の"管理者"を自任している。その結果どうなるかは未来が教えてくれるだろう。

人間は、自然と協調しなければ生きていけない。自然がなければ、人間もない。私たちは自然の一部、自然は私たちの一部だ。私たち人間は、気象に、気候に、生態系に影響を及ぼし、逆に影響を及ぼされてもいる。地球上のあらゆるシステムが互いにつながっている。すべてが変化し、すべてが絶えず動いている。これまで数えきれないほどの年月をかけて、自然は揺さぶられ、もまれ、そうして複雑なつながりや関係を築き上げてきた。安定してはいないし、不変でもない。常にバランスを取り、いくつもの力を均等にしようとする。気象もその一部だ。

極端な気象とはなにか、言葉で言いあらわす方法はいくつかある。例えば、人間の処理能力を超えた状況、という定義。電線が分厚い氷の層に包まれ、電柱が折れる。激しい嵐で家が壊れる。酷暑と乾燥のあまり、人間が逃げる間もないスピードで山火事が広がる。テニスボール大の雹が降って、木々が折れ、建物が壊れる。豪雨で街の中に川ができる。大雪で移動できなくなり、トンネルを掘らざるをえなくなる。蒸し暑すぎて、汗をかいて体温を下げることもできなくなる。だが、極端な気象はその一方で、時に人を驚かせ、魅了する。見たこともないようなオーロラや雲が出現する。珍しい気象が重なり、そのせいで石が勝手に動く。永久凍土が融けて、何万年ものあいだ凍りついていた生命が復活する。

この本は、いますでに起きている極端な気象だけでなく、それが将来どうなるかについての本でもある。自然の底力を前にした人間がどれほどちっぽけなものか。珍しい現象であろうとなかろうと、迫力たっぷりの気象現象がどれほど壮大なものか。そういうことについての本だ。

自然には、敬意と好奇心、驚嘆の念をもって接するべきだろう。いままで慣れ親しんできたものが変化することで、いったいどんなことが起きうるか、知識を身につけ、態勢を整えておかなければならない。

大気の大循環
気象学入門

　自然には、いろいろなものの差を小さくしようとする傾向がある。気象に関してもそれは同じだ。絶えず風が吹き、水分が蒸発し、雨が降り、摩耗（まもう）が進んでいる。地表は変化の大きな場所で、例えば海であったところが陸になったり、砂地、森、氷塊が入れ替わったりする。大気をかき分けるようにして山々がそびえ立ち、そのせいで空気が上昇したり、下降したり、方向を変えたりもする。

　地表に降り注ぐ太陽光の角度が垂直に近ければ近いほど、得られるエネルギーの量も多くなる。北極や南極では、太陽光の角度が小さい。低い位置からより平らに差し込んでくるので、太陽光が大気中を移動する距離が長くなる。大気によって光が拡散されるため、太陽が天高く昇っている場合に比べ、地表に到達する光の量が少ない。そのうえ、光線が平らに差し込んでくることで、エネルギーは広い範囲に分散する。こうしたいくつもの要素が重なり合って、北極や南極の付近は、赤道直下の地域よりも受け取る太陽エネルギーが少なくなるというわけだ。赤道のほうが極地よりも太陽に近い、という距離の違いは問題にならない。むしろ雪と氷のほうが重要な役割を果たす。冷たいからというだけではない。海や森、農地よりも多くの太陽エネルギーを雪と氷の白い色が反射して、そのまま跳ね返してしまうからだ。

　地軸が傾いていることで、地球の公転とともに移り変わる季節が生まれる。太陽が正午、ちょうど天頂に到達する場所の緯度が、地球の公転とともに変わってくるのも、地軸の傾きが原因だ。これが起きる北限と南限のラインは、それぞれ北回帰線、南回帰線と呼ばれ、北緯または南緯23度26分22秒のところにある。北極や南極の付近で、冬は太陽が常に地平線の下にあって暗く、夏は太陽が沈まないため常に明るいのも、地軸が傾いているからだ。

　大気は地球規模で循環していて、暖気が赤道のほうから極地へと運ばれているが、これはさっとひと吹きで移動するわけではない。北半球と南半球にそれぞれ3つずつ、大きな区画のようなものがあって、その中で空気が循環しており、ハドレー循環、フェレル循環、極循環と呼ばれている。これらの大循環によって、地球規模での気象のパターンが生まれる。その一例が貿易風で、帆船での海運業は長いあいだこの風に頼って行われていた。大西洋上の暖気をスカンジナビア半島まで運んできてくれる偏西風も、こうした気象パターンの一例だ。

　空気のある大気圏と、宇宙とのあいだには、くっきりとした境界線が引かれているわけではない。海水面での気圧は1013ヘクトパスカルで、日常的に"大気"と呼ばれているのはそこにある空気のことだ。私たちの上にある空気の重さは、高さ10メートルの水柱に相当する。海中に潜れば、深さわずか10メートルのところで、大気圧の2倍の圧力を感じることになる。

　高度が上がれば上がるほど、上にある空気の量が少なくなるので、その重さによって生じる圧力も低くなる。高度5500メートルのところで気圧は半分になる。ということはつまり、空気の全分子のうち、半分が5500メートルよりも低いところに、もう半分がそれより高いところにあって、密度がどんどん低くなっていく、ということだ。

　雲、雨、雪、霰（あられ）、雷など、あらゆる気象は基本的に、地表から高度約15キロまでの空気の層、いわゆる対流圏と呼ばれる層で発生する。その上にも、性質の異なる層がいくつも重なっている。成層圏、中間圏、熱圏、外気圏だ。オゾン層は高度15〜35キロにあり、オーロラは高度100キロのところで輝く。

　写真は、ヒマラヤ山脈にあるヤラ山。頂上の標高はおよそ5800メートルだ。

これらの大気大循環の区画の境界上では、大気圏のはるか上のほう、高度10〜15キロのところを蛇行しながら吹く強風、"ジェット気流"が生じている。寒い極地付近と暖かい地域との温度差が原因だ。このジェット気流によって、前線がどこに発生するか、低気圧がどれほど強くなり、どのように動くかが決まってくる。モンスーンによる雨、熱帯低気圧の動き、低緯度地域を襲う一時的な寒波、時に北極まで達する暖気の発生などにも、ジェット気流が関わっている。

　空気は上昇すると冷やされ、その結果、雲が発生し、雨の降る条件が整う。これは、例えば空気が山脈を越えるため上昇せざるをえなくなった場合に起こるが、ほかにも冷たい空気が温かい地面や海面の上に流れ出たり、太陽が地表を温め、その地表が空気を温めたりすると、同じ原理で積雲や雷雲（積乱雲）が発生する。空気が冷やされ雲が生まれるのは、寒冷前線や温暖前線でも同じだ。性質の異なる気団が領地を奪い合い、混ざり合うことによって発生する。

　気象は、地球上のさまざまな生態系が存続する下地となるが、生態系のほうもまた、気象がさまざまに変化する下地となる。地球システムはフィードバックによって成り立っているシステムだ。あらゆるものが、秒単位、数千年単位など、さまざまな時間の尺度に従って、互いに影響を及ぼし合っている。このシステムには、気象、海流、氷河、土壌、山、植物、動物、菌類、微生物が含まれる。私たち人類も、もちろんその一部だ。人間の行動は気象や気候、生態系に影響し、逆に影響を及ぼされ、互いに作用し合っている。

　気象を総合した統計が、気候だ。気候について語るとき、なにより話題に上る数値は、地球の平均気温だろう。だが、動植物や私たち人間、その社会に及ぶ影響は、平均気温の値にとどまらない。しかもその影響は地球規模ではなく、むしろ地域的な形で及ぶ。どの地域の気候や気象が似ているかをはっきりさせるため、地球を性質の似かよったいくつかの区域に分けることができる。まず、気候の特徴によって5つに区分する——赤道付近の気候（熱帯）、乾燥した気候（乾燥帯）、温暖な気候（温帯）、雪の積もる気候（亜寒帯）、極地の気候（寒帯）。次の段階で、降水量がどのくらいあるか、どの季節に降水があるかに目を向ける。最後に、気温によってさらに細分化する。右ページに掲載する図は、古くから知られるケッペン＝ガイガーの気候区分を、1951年から2000年にかけての気候データを使って更新したものだ。

　こうすると、気候区の数は合計で31に及び、各区域でさまざまな生態系が健康に保たれていくための条件がほぼはっきりする。これは大ざっぱな区分でしかなく、しかも気候はすでに変化しているので、気候区分と私たちが体感する実際の気象にずれがあるのも事実だ。この区分の基準とした1951年から2000年までの期間のあと、地球全体の気温がすでに約0.3℃上がっているという事実も、考慮に入れるべきかもしれない。

　それだけの気温上昇で、すでに気候が変わっていると感じられるの

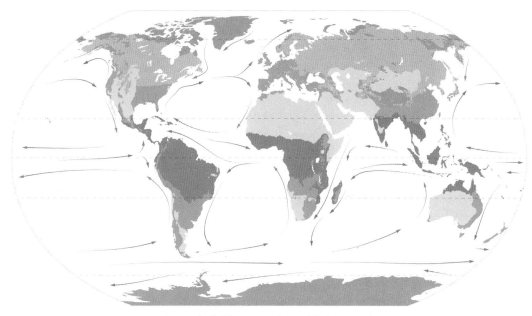

ケッペン＝ガイガー気候区分、2006年のCRU気候データにより分類

■ 熱帯　　■ 乾燥帯　　■ 温帯　　■ 亜寒帯　　■ 寒帯

　世界は、それぞれの場所の気象と気候が生態系にどう影響しているかによって、いくつかの気候区分に分けられる。大きな区分として、主な気候帯が５つある。熱帯（熱帯雨林気候、熱帯モンスーン気候、サバナ気候［夏季少雨または冬季少雨］）、乾燥帯（ステップ気候、砂漠気候）、温帯（夏季少雨気候、冬季少雨気候、湿潤気候）、亜寒帯（夏季少雨気候、冬季少雨気候、湿潤気候）、寒帯（ツンドラ気候、氷雪気候）だ。

だ。これからの数十年で、１℃、場合によっては２℃も気温が上がったら、それはいったいどう感じられるだろう。参考までに、氷河期の地球の平均気温はいまより３〜５℃低かった、という事実を指摘しておきたい。当時は、場所によっては厚さ２キロにも及ぶ氷の層が、ヨーロッパや北アメリカを覆っていた。ほんの１℃上下しただけでも大変な差が出るということだ。

　赤道付近から極地へエネルギーを運搬するに当たっては、水の果たす役割が極めて大きい。メキシコ湾流という名前は誰しも聞いたことがあるだろうし、それが北ヨーロッパの気象と気候に影響を及ぼしていることも有名だ。この海流のおかげで、北国に暮らす私たちのところにも少々の暖かさが運ばれてくるわけだが、それと同じように、赤道付近に暮らす人々は海流のおかげで暑さを少々逃れることができる。メキシコ湾流はまた、海の水を循環させ、北ヨーロッパにとどまらず、はるか遠くの生物にも好ましい生息条件を整えるうえで、重要な役割を担っている。

　もう一つの重要な海水の流れが、太平洋で起きるエルニーニョ現象あるいはラニーニャ現象で、これは方向によって呼び名が変わる。２〜７年の周期で方向が変わり、東アジアの沿岸部やアメリカ大陸西岸で、漁業に影響を及ぼしたり、熱帯低気圧の発生を左右したりする。

オーロラは北半球でも南半球でも発生する。北半球で生じるものは北極光（aurora borealis）、南半球で生じるものは南極光（aurora australis）とも呼ばれる。オーロラが発生するのは、太陽が放つ電気を帯びた粒子（主に電子）が、地球の大気と衝突するからだ。地磁気の力で、太陽風の粒子は極地周辺の大気圏の最上部、空気の極めて薄いところに到達する。オーロラは1日中、いつでも発生しているが、光が弱いので、私たちが肉眼で見ることができるのは夜間、一定の条件がそろったときだけだ。街の明かりは空を“汚染”するので、都市から数十キロは離れたところのほうが、オーロラも、天の川の星々もよく見える。

もっと小さな次元でも、水の果たす役割は大きい。水が液体から気体に変化して水蒸気になると、水分子にエネルギーが供給される。その水がこんどは凝結して液体になると、同じ量のエネルギーが放出され、それで空気などが温まる。“潜熱（せんねつ）”と呼ばれるこのエネルギーは、あらゆる気象のカギとなる力だ。熱帯低気圧がその好例だろう。熱帯低気圧のエネルギー源は、温かい海から蒸発してきた水蒸気だ。水蒸気を含む空気が雲の下面に達すると、水蒸気が凝結して雲粒（うんりゅう）となる。これによって空気が温まり、その密度が下がって、空気はさらに勢いづいて上昇する。この結果、ますます多くの空気が雲の中に流れ込む。低気圧が温かな海の上にある限り、この同じプロセスが続くことになる。

大気圏は太陽光の大部分を中に招き入れるが、紫外線や赤外線はあまり入れないようにしている。大気圏内のさまざまな気体には、ある波長の光を、ほかの波長の光より多く拡散する性質がある。空が青く、夕日が赤いのはこのためだ。水蒸気が凝結（ひょうしょう）すると、水滴や氷晶ができるだけではない。熱エネルギーも放出され、雲、降水、雷、風が発生する原因となる。

ふつうの人は、大気の重さについて考えることなどめったにないだろうが、実はそれを測定した値が気圧と呼ばれるものだ。海水面での標準気圧は、1013.25ヘクトパスカル（hPa）。高度が上がれば上がるほど気圧は下がる。気体は、液体や固体と違って、圧力がかかると凝縮されるので、気圧の変化の度合いも高度によって変わってくる。はじめの数百メートルでは、8メートルごとに気圧が1ヘクトパスカル下がると考えていい。エレベーターに乗っていて、時折耳が詰まったように感じるのはこのためだ。高度が上がるにつれて、気圧が1ヘクトパスカル下がるのに必要とされる距離もだんだん広がっていく。

高度5.5キロで、気圧は半分になる。これよりも高いところで酸素ボンベを使わずに呼吸するのは、大変苦しいものだ。高度15キロで、気圧は地上の10分の1になる。気象現象のほとんどは、この高さよりも下で生じている。

高度50キロになると、気圧は地上のわずか1000分の1だ。ここで、とても重要なプロセスが進行している。空気の極めて薄いここに、オゾン層があるのだ。太陽の放つ有害な紫外線から、私たちを守ってくれる層である。とはいえ、この上にも分子はまだたくさんあり、高度100キロのところでオーロラが発生する。ここの気圧は地上の100万分の1だ。

　風と海流は、自然が空気中の温度差や湿度差、海水の温度差や塩分濃度の差、海上を吹く風の差を小さくして、バランスを取るための方法だ。空気は気圧の高いところから低いところへ流れたがる。冷たく重い空気は温かな空気の下へ流れ込む。

　地球規模でみると、風を引き起こす力は二つある。一つは極地と赤道付近の温度差で、もう一つがコリオリの力だ。この力で空気の動きが変わる。風は気圧差を素早くゼロにするのではなく、低気圧や高気圧を迂回する形で吹くようになる。最終的には地表や海面との摩擦で、風は弱まっていく。もっと小さな規模でみると、風の現象は実にバラエティーに富んでいる。

　熱帯低気圧は、温かい海の上で発生する。やがてそこから独自の気象系が生み出され、海から発せられる熱エネルギーが空気を通じて低気圧内の風に変えられていく。低気圧は温かな海の上にある限り勢力を増す。そして大量の雨を引き連れて上陸する。しかも海水を押しながらやって来るので、沿岸地域が高潮に見舞われる。

　竜巻は、私たちが目撃できる中でもとりわけ極端で、視覚的に強烈な印象を残す気象だ。竜巻が発生するのは雷雲の下で、地表に向かって伸ばされた"象の鼻"の中で風が渦巻き、重い車両がミニカーよろしく吹き飛ばされたり、建物がまるで紙でできているかのように壊れたり、木々が爪楊枝かなにかのように折れたりする。渦を巻いて吹く風の速度は、秒速100メートルを超えることもある。

　北極付近の寒冷地でも、極めて強い風が吹く。台地に集まった冷たい空気が突然、氷河や雪山の斜面に沿って吹き下ろすことがあるのだ。このような風は、下降風、カタバ風（訳注：カタバティック［斜面を下る、の意］風の略。滑降風とも）などと呼ばれる。カタバ風は冷たいことも温かいこともあるが、いずれにせよ乾燥している。微風から大変な強風への変化が速いのが特徴だ。カタバ風はグリーンランドの言葉で"ピテラク"というが、これは"襲いかかるもの"という意味である。

　衛星写真に写った熱帯低気圧は、中央にいわゆる"目"があることでそれとわかる。目の中の天候は穏やかで、青空が見えるはずだ。だが、そこは渦を巻きながら垂直にそびえる雲の壁に囲まれた状態でもある。目の外では風が吹き荒れ、土砂降りの雨が降っている。写真は、国際宇宙ステーション（ISS）から撮影された、2018年9月の大西洋熱帯低気圧フローレンス。

スウェーデンの嵐

"グドルン"と名づけられた2005年の嵐は、スウェーデンが経験した中でも有数の規模で、甚大な被害をもたらしたので、その後の嵐はことごとくグドルンと比べられるようになった。強風に加えて、暖冬で地面が凍結していなかったことが、木々が根こそぎ倒れる原因となった。2005年1月8日から9日にかけて、7500万立方メートルに相当する森の木々が倒れた。やはり被害の大きかった1969年9月の嵐と比べても、2倍の森が嵐にやられたことになる。倒れた木々だけでなく、健康な木々にも虫がつく恐れがあったので、林業会社も地主も大々的に丸太を運び出す作業を強いられた。グドルンは社会の脆弱性をあらわにしてみせたのだ。停電した世帯は50万戸近くに及んだ。

スウェーデンではふつう、極端に強い風が吹くのは冬と決まっている。嵐が発生するのは多くの場合、秋から冬にかけて冷気と暖気がせめぎ合うのが原因だ。極端な風に関する限り、山岳地帯は別格だ。これは山や谷によって風の吹く道が限定されるからでもあるし、地表との摩擦があまりないからでもある。同じ理由で、海上のほうが陸上よりも風が強い。スウェーデンでこれまでに観測された最大風速(10分間の平均風速の最大値)は、2017年1月18日に北部の山岳地帯にあるステーケン

ヨックで観測された47.8メートル。観測史上最大瞬間風速は、1982年12月20日に同じく北部の山岳地帯、タルファラで観測された81メートルだ。

山岳地帯を除くと、スウェーデンで観測された風速の記録は、最大風速が1976年1月5日、ヴィンガでの39メートル、最大瞬間風速が1999年12月3日ハーネー島での43.0メートルになる。

グドルンはこれらの記録に迫る勢いだった。最大風速は33メートルにしかならなかった(それでもじゅうぶんな強風だ)が、最大瞬間風速は42.4メートルに及んだ。どちらもハーネー島で観測されている。

地面が凍結しているときや乾燥しているときには、根がより安定しているので、木々は根こそぎ倒れるのではなく、地上1、2メートルのところで折れる。単一栽培で、種類も樹齢も同じ木々が並び、しかも密生しているせいでしっかりと根を張れていない森は、嵐の犠牲になりやすい。倒木を片付ける作業が済むと、次はなにを植えるべきかという議論が持ち上がる。植樹から伐採、次の植樹に至るまでの森のライフサイクルは長いので、気候や気象の変化に対応しにくい。そんな中で、スウェーデンの森を所有する地主の多くは、こうした変化に対処するさまざまな戦略を立て、そのための余地を作ろうとしている。

無防備な海岸

「気をつけなければならないのは山の土砂崩れだと思っていました。ところが予想に反して、極端な強風と高波で防波堤が決壊してしまったのです」。北イタリア・リグーリア州の担当官はそう語った。2018年10月から11月、南ヨーロッパはハリケーン級の強風や豪雨、高波に見舞われた。30人が亡くなり、物的にも莫大な被害が出た。ラパッロの港を写したこの写真も、被害の大きさを物語っている。

天候の予測可能性は上がってきているが、それでもすべての異常気象から社会を守りきることはできない。気候が温暖化すると、大気中や海に溜まるエネルギーも増える。これは温度の上昇を招くだけではない。水循環の規模も大きくなっていく。より多くの水が蒸発し、より多くのエネルギーが、嵐や暴風雨となって放出される。

2018年の嵐による洪水は恐ろしいものだったが、それでも1908年12月28日にメッシーナ海峡を襲った災禍とは比べものにならない。このときは地震と、それに続く高さ12メートルもの津波が、甚大な被害をもたらした。余震が続いたうえ、雨がなかなかやまなかったので、救助活動が難航し、10万人以上が命を落とした。

竜巻

前ページ：竜巻（英語ではトルネード、ツイスターなどと呼ばれる）は、極めて破壊力が大きく、視覚的にも強烈な印象を残す極端な気象現象だ。私たちを見舞う強風の中でもとくに最大級の風は、竜巻によって生み出される。レーダーによる観測では風速140メートルを記録したこともあり、これは時速500キロに近い値だ。竜巻は巨大な針のような形をしていて、理屈のうえでは、陸上、海上、森、農地、都市、高山、どんなところにでも現れる可能性があり、行く手にあるすべてを破壊する。これは強風だけでなく、低気圧のせいでもある。上の雲から垂れ下がる漏斗雲（竜巻に特徴的なあの“象の鼻”）の中は、周囲よりも最大で100ヘクトパスカルも気圧が低い。

竜巻が発生する原因は、強力な雷雲（積乱雲）に伴って生じる強い上昇気流と下降気流だ。雲の内部でこれらの風が生じ、渦を巻く柱となって地表へ下りていく。“象の鼻”の正体は、渦の中の気圧が下がって気温も下がったことにより水蒸気が凝結してできた水滴だ。象の鼻がまだ地面に接していなくても、地表付近ではすでに激しい風が渦を巻いている、ということもある。地上の砂や土、固定されていない物品が吹き飛ばされる。

竜巻は南極を除くすべての大陸で観測されている。とくに米国内陸部の平地、いわゆる“竜巻街道”には、極めて強い竜巻が発生する条件がそろっている。メキシコ湾から流れ込んでくる温かく湿った空気と、メキシコから来る温かく乾燥した空気、カナダから来る冷たく乾燥した空気が混ざり合う場所だ。

米国では年間およそ1300件の竜巻が発生している。これは世界の全竜巻の4分の3に当たる。

竜巻の回転

竜巻はふつう、北半球では反時計回り、南半球では時計回りに回転する。とはいえ、回転のしかたが地球の自転と切っても切れない関係にある、通常の低気圧や熱帯低気圧などといった大規模な気象現象と違って、竜巻は反対方向に回ることもある。よくあるのは、竜巻が二つ同時に発生し、片方が時計回りに、もう片方が反時計回りになるパターンだ。

複数の竜巻が同じ雲の下で発生すると、この中の小さめの一つ、あるいは複数が“衛星”となって、雲の下で中心となる大きめの竜巻の周りを回ることもある。

観測史上最大の竜巻は、地上での直径4.2キロ。2013年5月31日に米国オクラホマ州のエル・リーノを襲った竜巻だ。

急激な展開

下：2011年6月、一連の竜巻が米国マサチューセッツ州を襲う2日前、ストーム予測センターが同国北東部に異常気象の予報を出した。南から流れ込んでくる温かく湿った空気を押しながら、寒冷前線が北西から接近している状況だった。詳しい予測が立つにつれて、強風、雹、場合によっては竜巻の恐れが大いにあることがはっきりしてきた。

ある地域が暴風雨に見舞われることは予測できる。だが、竜巻がどこを襲うかは、それが現実となるせいぜい1時間前にしか予測できない。

6月1日午前、事態は急展開した。直径8センチにもなる雹が対流雲から降っているのが観測された。この雲によって強い下降風も生じた。

この地を襲った竜巻は計7つに及んだ。下の写真の時計塔は、そのうちの一つが地表に達し、風速70メートルを超える強力なEF3の竜巻となる4時間前に、暴風のため倒壊した。この竜巻は、長さ60キロ、幅800メートルにわたって地面をえぐり取り、溝を作った。3人が死亡、200人が怪我を負い、500軒の建物が破壊された。

竜巻の威力

右：魚やカエルなどの動物が空から雨のように降ってきたという話がよくあるが、これは恐らく、竜巻によって動物が空中に吸い上げられることが原因だろう。動物はその後、風に運ばれて何十キロも移動し、そこで落下する。このため、その動物たちを空に吸いあげた竜巻とは、一見なんの関係もないように見える。

竜巻は被害の大きさによって分類される。最も広く用いられている尺度、改良藤田スケールでは、竜巻は6段階に分けられる。いちばん下は、風速およそ30～40メートル相当（ハリケーン級）の、"軽微な被害"をもたらすEF0。いちばん上は、風速90メートルを超える風が吹き、鉄筋コンクリート製のインフラ建造物が損なわれ、大半の家が倒壊、車が吹き飛ばされるなどの被害をもたらすEF5だ。

塵旋風と"悪魔"

竜巻には塵旋風という小さな親戚がいて、英語では"ウィンド・デビル（風の悪魔）"の名がついている。小竜巻、陸の悪魔、などとも呼ばれる。直径はほんの1〜2メートルであることがほとんどだが、数十メートルに及ぶこともなくはない。風速は10メートル前後のことが多いが、30メートルに達することもある。

塵旋風は雲がなくても発生する。それが竜巻との違いだ。竜巻は雷雲の下で生まれ、雲内部の上昇気流によって強められる。

塵旋風は、温められた空気が地表を離れ、空気中を素早く上昇していくことで発生する。天井についた水滴が垂れて落ちてくるところを思い浮かべ、それを逆さにしてみるといい。太陽が地面を温め、地面が空気を温め、温まった空気があぶくか水滴のように集まって、ついに地面を離れ、上昇していく。

境界面で空気が渦を巻き、ある種の条件下ではこの回転が旋風を巻き起こして、それが何分間も続く。らせん状の動きによってさらに空気が流れ込んで上昇していく。強力な塵旋風が発生するのは、飛行場や広い駐車場、耕作地、海岸などの平らな土地だ。パラソルや遊具はあっさり吹き飛ばされ、キャンピングカーが倒れることもある。地面から砂や埃などの粒子が旋風に巻き込まれると、渦が目に見えるようになるが、もし地面から粒子が離れていかなければ、空気の渦はいっさい見えない。このせいで、パラグライディングやスカイダイビングの際に死亡事故が起きたこともある。

こうして発生した旋風が、形を長く保ったまま、雪や水の上へさまよい出ることもある。そうなると、"スノー・デビル（雪の悪魔）""ウォーター・デビル（水の悪魔）"などと呼ばれる。火災に伴って旋風が発生することもあり、その場合は"ファイア・デビル（火の悪魔）"と呼ばれる。水上の霧が晴れるときに、いわゆる"スチーム・デビル（蒸気の悪魔）"が生じることもある。

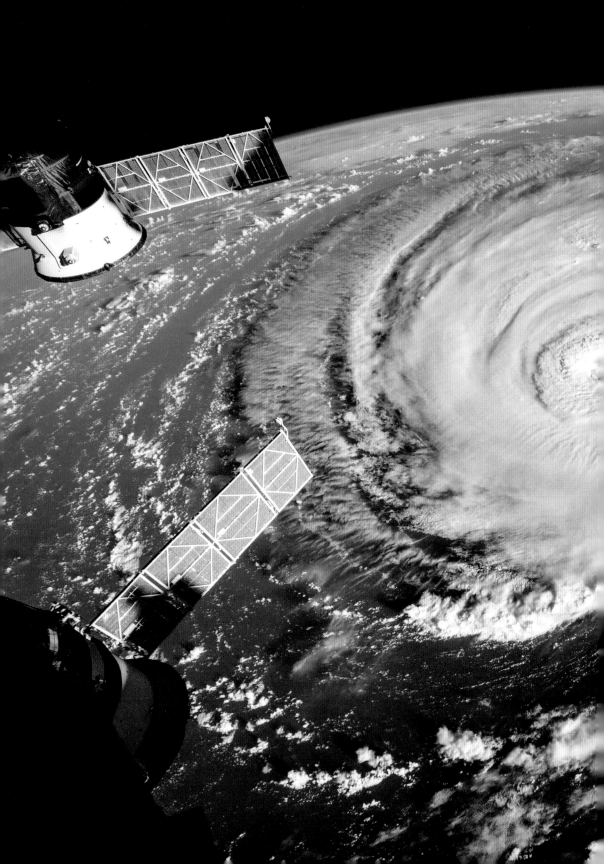

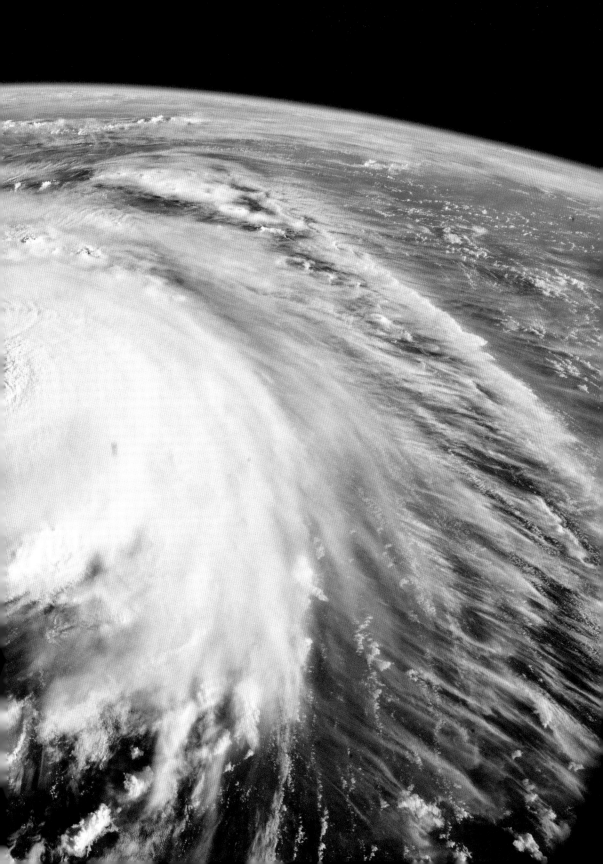

風だけではない

前ページ：2018年9月12日、国際宇宙ステーション（ISS）から撮影されたフローレンス。熱帯低気圧は、大西洋でハリケーン、アジアでは台風またはサイクロンと呼ばれるものの総称だ。人工衛星技術の発展で、1970年代以降、進路を予測できる可能性もぐんと上がった。

熱帯低気圧フローレンスは2018年晩夏、米国ノースカロライナ州とサウスカロライナ州に高波をもたらし、大きな被害を出した。その後はゆっくりと陸上を進んでいったので、500〜750ミリに及ぶ豪雨が丸3日近くも続いた。この中で竜巻がいくつも発生し、熱帯低気圧そのものをはるかに上回る風速が記録された。

地球温暖化で増えたエネルギーの90パーセント以上は、海に蓄積されている。それで熱帯低気圧の性質が変わったとしても、決して驚くべきことではない。

熱帯低気圧カトリーナ

2005年8月、ハリケーン・カトリーナが米国フロリダ州とルイジアナ州を襲った。ハリケーンの直径は600キロ強、風速は75メートルを上回っていた。カトリーナはフロリダ州南部を通過したのち、メキシコ湾上空でさらに勢力を増した。わずか9時間でカテゴリー3からカテゴリー5になり、再び本土に向かって北に進路を変えた。

ハリケーンの際にすさまじい強風が吹くことは事実だが、死者や物的被害の大半は水のほうが原因であることが多い。この

ときもそうだった。ニューオーリンズの一部はもともと海抜0メートル以下にある。強風によって海水が押され、高さ何メートルもの高潮が生じた。街を海から守るはずだった防波堤が決壊し、波が押し寄せた。排水ポンプは、カトリーナが引き起こした高さ9メートルもの高潮を想定して造られてはいなかった。万単位の建物が損壊し、2000人近くが命を落とした。米国を襲ったハリケーンの中で、カトリーナは激しさでは第3位、被害総額は過去最高となった。

低気圧と波

左：熱帯低気圧についての報道では、主に風速が話題に上る。だが、多数の犠牲者を出し、甚大な物的被害をもたらすのはむしろ、低気圧によって陸に押し上げられたり、雨となって降り注いだりする水のほうだ。ハリケーン級の暴風が吹いている中で、高さ何メートルにも及ぶ高潮が押し寄せたり、ほんの数日で1メートルの雨が降ったりする。

海水がどこまで内陸に入り込むかは、沿岸部の地形（入江、岬、河口など）や海底の地形によっても変わる。海底や沿岸部が平らだと、波は大きくなり、内陸の奥深いところまで水が入り込む。

水害の最中には、人や建物、インフラ、作物、さまざまな設備が水に流される。飲料水の源が損なわれることもある。

差し迫った危険が収まって次の段階に入っても、水は汚染や腐敗を引き起こし、病気を蔓延（まんえん）させる蚊の繁殖の場ともなる。

写真は、2015年7月11日に中国・上海のすぐ南に上陸した大型台風チャンホン（訳注：台風9号）がもたらした被害の一部。この数日前には、台湾や、日本の沖縄県で、86万5000人が避難を余儀なくされた。

スーパー台風ハイエン

下：観測史上有数の大型熱帯低気圧となったのが、2013年11月に太平洋西部で猛威を振るったスーパー台風、ハイエン（訳注：台風30号）だ。風速65メートルを維持し、最大瞬間風速は80メートル（時速300キロ）を超えていた。ハイエンはフィリピンなどに上陸し、甚大な被害をもたらした。多くの場所が壊滅状態に陥り、死者数は6000人を上回った。

インフラや農業を再建し、社会の日常を取り戻すには、数十年かかることもある。もはや修復不可能と考えるしかない損害も多かった。これほどの被害が出たのは、森林が破壊され、珊瑚礁やマングローブなどといった自然の障壁が破壊されて、自然のレジリエンス（抵抗力と回復力）が落ちていたからだ。植生は、風を弱め、波をせき止め、土壌を安定させてくれるのだ。

砂嵐

　砂嵐が接近しているときほど、風の"前線"がはっきり見えることはないだろう。極端なケースでは、砂嵐は1キロ上空にまで達することがある。砂嵐という概念は風の強さに関係がなく、空気中を舞う砂のせいで視界がどれほど悪くなるかの問題だ。視界が500メートルを下回ると強い砂嵐ということになるが、砂の濃度がもっと高く、前方数十メートルしか見えなくなることもある。無数の砂粒で、見通しが悪くなるだけではない。あらゆるものの表面に砂が吹きつけられて、どんな小さなすきまにも入り込む。

　ハブーブというのは特殊な砂嵐で、その名はアラビア語で風を意味する"ハッブ"に由来する。雷雲や寒冷前線によって激しい下降風（ダウンバースト）が生じ、砂漠地帯や乾燥した土地に襲いかかることで発生するのがハブーブだ。これによって砂、土、埃の壁ができ、時速100キロに達する速さで移動することもある。強力なハブーブは、中東、アフリカ、オーストラリア、北アメリカで発生する。米国アリゾナ州は時折ハブーブに見舞われるが、2011年7月5日に州都フェニックスを包んだ砂の壁はさすがに異常と言っていいだろう。

次ページ：2016年4月12日、インド、ウッタル・プラデーシュ州で起きた砂嵐

フェーン現象
──温かい下降風

　下降する空気は温められ、場合によっては極端に乾燥する。この現象は一般にフェーン現象とされるが、米国ではチヌークと呼ばれている。地域によっては、カリフォルニア州のサンタアナ風など、固有の名前がついている場合もある。

　フェーン現象は、空気が山の斜面に沿って下降したときに発生する。山頂付近や山稜沿いに、雲の天井や傘のようなものが生じることがある。空気が下へ流れると気圧が上がり、空気が温められ、相対湿度が下がる。

　フェーン現象は"雪を食べる風"とも呼ばれる。フェーン現象による風は温かく乾燥しているため、その下の雪があっという間に消えてしまう。雪は融けて水になる間もなく、直接昇華して水蒸気となり、風とともに運ばれていくのだ。

　フェーン現象によって、天候が急激に変化することがある。気温変化の世界記録、24時間で気温が57℃上がった例は、フェーン現象によって米国モンタナ州ロマで発生した。1972年1月14日から15日にかけて、気温がマイナス48℃からプラス9℃にまで上がったのだ。

　フェーン現象が極端な強風をもたらすこともある。1982年1月、米国コロラド州ボールダーはハリケーン級のチヌークに見舞われ、家々の屋根が吹き飛び、木々や電柱が倒れた。

　写真はスペイン・カナリア諸島のクンブレ・ヌエバ山稜。

下降風"ピテラク"

　グリーンランドの内陸部は台地になっていて、時折その広大な面積の上に冷たい空気が集まる。その冷気は周りの空気よりも重く、一定の条件がそろうと、縁からこぼれるようにして沿岸部へ流れていく。こうして発生するカタバ風を、グリーンランドでは"ピテラク"と呼ぶ。"襲いかかるもの"という意味だ。

　タシーラク（旧称アンマサリク）はグリーンランド東岸最大の町で、およそ2000人が暮らしている。1970年2月、ピテラクが発生し、タシーラクへ吹き下ろしてきた。平均風速54メートル、瞬間風速72メートルに達したところで、風速計が吹き飛ばされて壊れた。そのあとも風の強さは増し、最大で秒速90メートルに達しただろうと推測されている。気温はマイナス20℃で、体感温度はすさまじく低下した。あまりに極端な気象だったので、人々は一時期、町を閉鎖して放棄することも検討していたという。

下降風“サンタアナ風”

　米国カリフォルニア州の南部に吹くカタバ風は、現地では“サンタアナ風”と呼ばれている。ここにあるサンタアナ峡谷がもとになっていると思われるが、スペイン語の“サタナス（サタン、悪魔の意）”に由来しているとも考えられる。

　サンタアナ風の源は、ネバダ州のグレートベースンにある砂漠地帯だ。高気圧が砂漠地帯を覆い、低気圧が沿岸部に近づくと、サンタアナ風の引き金が引かれる。グレートベースンから空気が流出し、モハーヴェ砂漠の上空を吹き抜け、シエラネバダ山脈やトランスバース山脈を越えて斜面を下りてくる。この風はふつう風速10メートル程度だが、一部の谷間を通るときに、強烈な“地峡風（ギャップ・ウィンド）”となることがある。地峡風は、山脈のあいまや峡谷、場合によっては土手の傾斜の激しい川沿いを空気が通るときに発生するものだ。風速は10〜20メートル、ときには30メートルに達する。

　グレートベースンの台地の標高はおよそ1500メートル。空気が海に向かって下降していくにつれ気温が上がり、カリフォルニア州南部の沿岸部では、ネバダ砂漠より気温が15℃も高くなることがある。このため、カリフォルニア州の多くの場所では、各年の最高気温が夏ではなく、秋に記録される。

カリフォルニア州の森林火災

次ページ：カタバ風に伴って気温が上がると、相対湿度はぐんと低くなる。サンタアナ風の場合はおよそ5〜10パーセントだ。この結果、風が吹く場所の地面が乾燥する。温かく乾燥した空気の力で、火災がすさまじい勢いで広がり、まったく制御できなくなってしまうことも多い。2017年12月から2018年1月にかけて、森林火災“トーマス”がカリフォルニア州南部で猛威を振るい、燃焼範囲は11万4000ヘクタールに及んだ。被害総額は22億ドルを超えるとされている。

　2018年11月に起きた一連の火災は、州の歴史上最大の被害をもたらした。これらには“キャンプ・ファイア”、“カー・ファイア”、“ウールジー・ファイア”の名がついている。8000を超える数の火災が起き、80万ヘクタール（8000平方キロ）近い範囲に火がついて、燃焼範囲も州史上最大となった。

　とはいえ、強風は問題を起こすばかりではない。陸上から海上へ吹いていくと、その風で海面の水が吸い上げられる。その水が“湧昇流”によって海底の冷たい水に置き換わり、沿岸部の海水温が2〜5℃下がる。この冷たい、栄養豊富な水のおかげで、海の生物が暮らしやすくなり、漁業も潤うのだ。

巨大波

　風が作り出す波は、その風が
強くなればなるほど、また同じ
方向に吹き続ける時間が長けれ
ば長いほど、大きくなる。海で
の"大波"というのはふつう、
波頭から波間までが 10 ～ 15
メートルのものを指す。風が非
常に強くなると、水面に泡が立
ち、風が水をつかむのが難しく
なる。風の強さが一定のまま変
化せず、その強風が長い距離
（吹送距離、フェッチ）を吹き続
けるほうが、素早く移動して風
向きを変える強力な低気圧の場
合よりも、高い波を生み出すこ
とになる。

　時折"巨大波""暴れ波"な
どと呼ばれるものが出現する。
同じ海域のほかの波と比べて、
2倍や3倍の高さになる波だ。
小さめの波が重なって発生する
こともあれば、風による波と、
潮の流れや満ち引き、海底の地
形といった要素が組み合わさっ
て生まれることもある。

　津波はとりわけ大きな波を生
む。1958 年 7 月 9 日、米国ア
ラスカ州で地すべりが発生し、
3000 万立方メートル相当の山
塊が水深 900 メートルの海中に
落ちた。これによって津波が陸
に押し寄せ、海抜 524 メートル
までの植生をすべて飲み込む勢
いとなった。

　海岸に近いところで海が浅く
なっている場合、その海底の地
形が原因となって海水が押し上
げられる。運動エネルギーが位
置エネルギーに変換される。波
が高さを増し、前進のスピード
は逆に緩む。やがて波の高さと
傾斜が頂点に達し、波は砕けて
前の波間へ落ちていく。

　写真は、ポルトガル沖で大波
に挑むサーファー。

時化
<ruby>時化<rt>しけ</rt></ruby>

　陸上よりも海上のほうが風は
強い。陸上のさまざまな地形、
森や地面に比べると、水面では
たらく摩擦力がはるかに小さい
からだ。人類はこれまでの長い
年月、漁業や移動のために海を
利用してきた。一部の地域には
貿易風というものがあって、今
週も来週もほぼ同じように風が
吹く。一方、1時間単位で風の
様相ががらりと変わる地域もあ
る。漁船や貨物船は航路を決め
る際、強風や高波、強い潮の流
れを避けようとする。ヨットレー
スでは逆に、なるべく速く進む
ことが目的なので、相当に強い
風が吹いている場所が好まれ
る。天候はたいてい、船の進む
速度よりも素早く変化する。そ
のため、航行のはじめから終わ
りまでを考慮に入れ、全体的に
見て天候の有利な場所を通れる
よう、航路を計算しなければな
らない。

ハリケーンの生まれる
静かな場所

　赤道無風帯（ドルドラムス）は悪名高い海域だ。ここでは風が弱く、完全な無風状態になることもある。帆船が風や潮流を利用して前に進むことができず、ここで何日も、場合によっては何週間も、とらわれの身（というのもおかしな表現だが）となったりする。

　ここの温かく湿った空気は、単に静止しているわけではない。南半球と北半球の貿易風がここで出会う。そのため気象学用語では"熱帯収束帯（ITCZ）"と呼ばれている。空気がここに集まって収束し、上昇を余儀なくされる。

　湿った空気が上昇すると、対流雲が生まれる。この結果、穏やかそのものの静けさのあいまに、雷雲による豪雨と強風が発生して、これが極端な規模まで発展することもある。大西洋や太平洋で発生する熱帯低気圧の温床だ。

温度

　気象が生じるそもそもの原因は、太陽によって温められる度合いが場所によって異なることだ。温度の差が、空気の湿度と密度の差を生む。これによって、大気を動かす力、風が生じる。

　空気と、その下にあるものの温度差が原因となって、空気が海や森、地表の水分を集めたり、逆に放出したりする。山を越える空気は冷たくなり、下りていくにつれて温かくなる。降水の原因は、空気が冷やされ、水蒸気が凝結して水滴や氷晶になることだ。こうして雲が生まれ、雨や雪や雹が降る。

　いろいろな降水の形、温度差の組み合わせによって、生物の暮らす環境が形作られる。温度はまた、生物学的なプロセスや化学反応をコントロールする要素でもある。このおかげで、動植物や菌類がさまざまな環境の中で、それぞれ存続できる適所を見つけられるというわけだ。こうして生物が環境を形作り、それがこんどは温度や湿度に影響を及ぼす。フィードバックが循環して、一つのシステムが成立する。

　温度は人々の日常生活に影響を及ぼすばかりか、場合によっては生死をも左右する。地球上での観測史上最低気温、マイナス89.2℃は、南極のボストーク基地（南極点から1300キロ）で記録されている。最も暑いのは、米国カリフォルニア州南部にあるデスバレーで、56.7℃という記録がある。どちらも極端に乾燥した場所だ。

　太陽が照っていると空気が温かくなるのは、ごく当然のことだと思われるだろう。だが、太陽エネルギーの大半は大気圏をまっすぐ通り抜けて、地表、海、建物、木など、行く手にあるものにぶつかっている。地表の温度がどうなるかは、基本的に地表の色によって決まる。色が暗ければ暗いほど表面が温かくなるのだ。こうして温められた地表などの表面から、熱が放出される。この熱によって、空気の温度が決まる。空気中にある温室効果ガスが、物体の放出する熱を吸収する。

　温度と切っても切れない関係にあるのが、湿度だ。気温が高いと、空気が含むことのできる水蒸気の量が増える。寒さが厳しいときには、空気中にほとんど水分が含まれない。気温が上がれば上がるほど、激しい雨が降る可能性も上がる。大雪が降るときの気温は必ず０℃前後だ。極寒の中では雪が降らない。

　干魃（長期間にわたって通常より降水量が少なくなること）は、人類やほかの生物種が大きな害を被れば、自然災害、干害ということになる。

　干割れが生じるのは、地表水も地下水もなくなった場合だ。温かく乾いた空気が、乾燥をさらに助長する。その土地の植物が枯れてしまうと、乾燥した土は風で簡単に吹き飛ばされるので、再び雨が降っても新たな植物は生育しにくくなる。植生が失われると、さらなる干魃、土壌侵食、酷暑のリスクが高まる。

パキスタンでの極暑

2017年6月、熱波がパキスタンを襲い、最高気温が47℃に達したのち、さらに1週間も暑さが続いた。北部の都市ラホールも、ほかの地域ともども猛暑に見舞われた。写真は、ラホールの人々がラーヴィー川で暑さをしのいでいるところだ。

その翌年、2018年4月には、ナワブシャーという都市で気温が50.2℃に達した。これは4月の気温としては世界での観測史上最高記録。同年5月末にはトゥルバットという都市で、さらに極端な気温となる53.5℃が記録された。

気候変動がなかったとしても、パキスタンの天候はもともと極端だった。ところが、いまやパキスタンを襲うのは熱波や水不足だけでない。海面上昇や豪雨の問題もある。ペシャワール農業大学の研究者は、こんなふうに語っている——「パキスタンの季節はすっかり変わってしまい、長い夏が1月から11月まで続くようになりました」

道路が融けた

前ページ：2015年5月、インドのアーンドラ・プラデーシュ州とテランガーナ州で、長期にわたって気温が45℃を上回った。あまりにも長いあいだ暑さが続いたせいで、アスファルトが液化してしまった。

砂利や砂と混ぜて道路舗装に用いるアスファルト（ビチューメン、瀝青とも）には、水などのようにはっきりした融点がない。温度によって可塑性の変わる物質だ。50℃前後で軟らかくなりはじめるが、さまざまな結合材を混ぜることによって、限界を80℃まで上げることができる。90〜120℃程度でアスファルトは完全に液化する。

アスファルトの色が濃ければ濃いほど、より多くの太陽熱が吸収される。このため、日向にあるアスファルトの温度は、空気の温度より数十℃は高い。太陽に照らされたアスファルトなどの表面は、熱エネルギーを発散し、それによって温度を下げる。だが、空気がすでに極端に熱くなっている場合、冷却効果はほとんど望めない。やがてアスファルトは限界を越え、車や徒歩で上を通るには軟らかすぎる状態になる。

命に関わる酷暑

暑いと、私たちは汗をかく。だが、水分が失われることで体温が下がるわけではない。汗が蒸発することで皮膚の温度が下がるのだ。蒸発のためのエネルギーが皮膚から奪われ、それで皮膚が冷やされる。シャワーから出て体を乾かす前に寒い思いをするのもこのためだ。

外が暑く、体が過熱状態にならないよう冷やす必要があるときには、汗が蒸発して生まれる水蒸気を受け入れる余地が、空気のほうになければならない。空気が乾燥していればいるほど、汗の蒸発できる余地も大きくなる。逆に湿度が高いと、蒸発のスピードが遅くなるため、あまり冷却効果が見込めない。汗びっしょりにはなるが、涼しくなった気はしない、という状態だ。

湿度はパーセンテージで示されることが多いが、露点温度という形で表すこともできる。気温をここまで下げれば水滴や霜が生じる、という温度だ。メガネに結露が発生したら、それはメガネの温度が空気の露点温度よりも低いからということになる。水蒸気は冷たい面に触れることで結露する。人が汗をかくと、皮膚は冷却されるが、周りの空気の露点温度よりも冷たく

なることはない。

このため、露点温度を基準にすれば、屋外にいると命の危険があるほどの蒸し暑さを見極めることができる。空気の露点温度が、皮膚の温度、約35℃を上回っている場合、汗をかいても体は冷やされない。逆に空気中の水蒸気が皮膚の上で結露するので、さらに体温が上がってしまう。

気温が35℃を超えていても外にいることはできるが、露点温度が35℃を超えるほど湿度が高い場合には、どんなに健康かつ頑強な人であっても、長いあいだ屋外にいると命に関わる。これより低い温度であっても、そこにいる時間が長ければ死のリスクが生じる。

ここ数十年で、極暑の襲ってくる頻度が上がり、その激しさも増している。それによって苦しむのはもちろん、私たち人類だけではない。暑さに適応できないほかの動物たちも同じだ。写真は、熱中症と脱水症状を起こしたコアラが、オーストラリア・アデレードの住人に助けられているところ。2015年のクリスマス直前、気温が40℃を超える日が5日間続いたあとのことだ。

動く石

　米国カリフォルニア州南部、モハーヴェ砂漠のデスバレーは、暑さと乾燥がすさまじく、ふつうの生物にとっては過酷極まりない環境であることで有名だ。この荒涼とした不毛の地では、石が勝手に移動することができるらしい。基本的にまっすぐで、時折大きく方向転換している跡が土に残っているので、石がどのように動いているかがわかる。

　この土地に傾斜はなく、人間や、ほかの動物、植物も見当たらない。動く石の重さは、1キロ程度から100キロを上回るものまでさまざま。何年も同じ場所にとどまったのち、数時間にわたって移動を続け、それからまた何年も休眠状態に入ることもある。いったいなにが石を動かしているのだろう。

　とある研究者グループが、新しい石をいくつか用意してGPSを取り付け、石が動き出したら作動する観測装置やカメラとともに配置した。この結果、特定の気象現象が組み合わさった場合にのみ、石が動く条件が整うことが判明した。

　まず、平坦な谷間に水が溜まらなければならない。これだけでも珍しいことだ。周囲の山々に薄く雪が積もり、時折それが融けて谷に流れ込む。溜まった水は、石の上のほうが水面から顔を出す程度に浅くなければならない。

　太陽が差し込んでくると、湿度が低いので、水はあっという間に蒸発してしまう。だが、石が動くためには、この水が凍って氷になる必要がある。とはいえ凍結しすぎてもいけない。水底の土までは凍結せず、氷の層が水に浮かんでいる状態がいい。

　その後、風が吹かなければならない。氷の層は、この風で割れる程度にもろくなければならない。こうして割れた氷の層が、塊となって石に押し寄せる。石が動くのはここからだ——風の力で氷が押され、その前にある石も押される。石はぬかるんだ土の上をすべっていき、水底に跡をつける。数時間後には氷が融け、溜まっていた水も1〜2日で蒸発する。石は新たな位置に落ち着き、土についた跡は何年もそのまま。再び条件がそろって、石がまた動きはじめるまで、何年もかかることもある。

デスバレー

前ページ：デスバレーは、地球上での観測史上最高気温、56.7℃という記録をたたき出した土地だ。米国カリフォルニア州東部、モハーヴェ砂漠にあるこの"死の谷"の気象は実に極端だが、生物がいないわけではない。数は少なく、しかも乾燥と酷暑、強烈な日差しという過酷な環境にうまく適応した生物に限られるが。とはいえ冬と春には少し雨が降るし、周囲の山々から控えめな筋となって谷に流れ込んでくる雪解け水のおかげで、けなげな花がちらほらと顔をのぞかせもする。

デスバレーがこれほどまでに暑く、なにより乾燥しているのは、ここが山脈に囲まれた盆地だからだ。地溝（グラーベン）、裂谷（リフトバレー）などとも呼ばれる。このため、たとえ降水域がここを通ることになっても、その大半は山々の外側で雨を降らせていく。最も低い地点が海抜下86メートルであるこの谷は、あらゆる方角から見て雨陰となるのだ。この標高の低さも、最高気温記録がこの場所で出る理由の一つである。気圧が高ければ高いほど、気温は高くなるからだ。その逆も、また真である（大気圏内では高度が上がるほど気温が低くなる）。

デスバレーの天候は乾燥していて、大変暑い。5月から9月にかけては最高気温が50℃を超えることも珍しくない。年間降水量はたったの60ミリだ。

風によって運ばれる砂

ドバイ首長国はアラビア半島、ペルシャ湾沿岸に位置する。ここは砂漠気候で、夏に長い乾季がある。デスバレーほど暑くはなく、気温は45℃前後にすぎない（といっても相当な暑さだ）が、雨が少ないのは同じだ。その一方で、ペルシャ湾が近いため湿度は高く、相対湿度が55〜70パーセントあるので、極めて暑く感じられる。暑さと湿度の高さが組み合わさって、汗をかいても体がじゅうぶん冷却されない状態になる。

砂嵐の力で、砂丘の砂が道路上に流出する。雪溜まりのように見えなくもない。雪溜まりも扱いに困るが、道路に積もった砂をかき出すのも、また違った意味で厄介な作業だ。

厳酷の地

　地理学上の南極点のそば、標高2835メートルのところに、米国が建設した研究基地、アムンゼン・スコット基地がある。人の住む場所としては地球上で最も南にあり、極めて過酷な職場環境と言っていいだろう。南半球のオーロラ、南極光（aurora australis）は、北半球の北極光（aurora borealis）に相当するもので、太陽が放つ荷電粒子が地磁気に捉えられ、大気圏の上層部まで達することで発生する。

　もう一つ、過酷な場所として挙げられるのが、南極点から1300キロのところに位置するロシアの研究基地、ボストーク基地だ。冬季の平均気温はマイナス68℃で、夏季でもマイナス32℃。気温がプラスになることはない。ここで観測された最高気温記録はマイナス14℃で、最低気温はマイナス89.2℃、これは地球全体の観測史上最低記録でもある。ボストーク基地はまた、世界的に見ても屈指の深さ、3769メートルまで氷河を掘削し、サンプルを得たことでも知られている。この深さのところにある氷は42万年以上前のものだ。このボストークの氷のサンプル（氷床コア）から、温度や温室効果ガスがどのように変化してきたかがわかる。先史時代の気候変動を知るには重要な情報だ。EPICAドームC基地のそばでは、3260メートルの深さまで掘削していて、これは80万年前の氷に相当する。

　南極大陸は地球の南磁極のそばにあり、宇宙線や太陽が放つ粒子が降り注いでいるので、地球上のほかの場所よりも空気がイオン化している。ボストーク基地は地球上でも有数の日照時間を誇り、降水量が極めて少ない。太陽が地平線から上に出てこない極夜の時期が4カ月あるにもかかわらず、年間を通して見ると、例えば南アフリカよりも日照時間が長いのだ。

着氷

　空気中の水蒸気を肉眼で見ることはできない。しかし、それは紛れもなく存在していて、空気が冷やされたり、なにか冷たいものに接したりすると、凝結して水滴や氷になることがある。

　温かい水、冷たい空気、それ以上に冷たい物体があると、水が物体のほうへ移動し、分厚い氷の皮となって物体を覆う。樹木、電線、車、船、飛行機、建物などが、厚さ何センチもの氷にすっかり覆われ、場合によってはその重さで壊れてしまうこともある。

　左の写真では、米国ミシガン州のセント・ジョセフ・ノース灯台が、氷と、マイナス23℃の空気に包まれている。

次ページ：寒い中で水温がプラスの水を噴出させると、霧と雪が発生して、霜や氷の層となる。
　2013年1月23日、米国シカゴのとある倉庫で大規模な火災が起きた。その前日、気温がマイナス18℃前後まで下がっていて、火災が発生した時点でもまだマイナス12℃だった。消火活動の際に、建物、車、地面、その他の物品、あらゆる冷たい表面に、厚さ何センチもの氷の層ができた。

シベリアの冬

ロシア東部にあるヤクーツクは、人口10万人を超える都市としては、世界屈指の寒さだ。あまりに寒いので、地面は恒久的に凍結している。上のほうの数十センチが夏になると融けるが、1メートルほど下は、年間を通じて完全に凍った状態だ。

人が住んでいる場所（観測基地を除く）で、地球上で最も寒いのは、同じくロシア東部にあるオイミャコンという村だ。およそ500人いる住人は、気温がマイナス50℃を下回ることも少なくない厳冬を耐え忍ぶ。1964年にはマイナス71℃を観測しており、これは北半球の定住地で

の観測史上最低記録だ。

オイミャコンは記録的な寒さの冬が来るだけではない。季節ごとの気温変化が極めて激しい土地でもある。夏の気温が冬の気温より100℃高いということすらあるのだ。

シベリアはロシアの面積の4分の3を占め、いわゆる亜北極気候の中でも極端な部類に属する。冬は大変寒く、マイナス50℃すら決して珍しくはないが、それでも夏になるとプラス30℃を超えることがある。気温の差をならしてくれる海が遠いことがその原因だ。海から離れていると、あるいは海風をさえ

ぎる山があると、その土地は夏と冬の気温差の激しい内陸性気候になる。ロシアのかなりの部分は極端な内陸性気候だ。

小さな水滴は、氷点下になっても液体のままでいられる。だが、なにかの物体に接したとたん、凍りついて氷になる。水蒸気も同じで、木の枝や人のまつげなど、なにかから突き出た物体に接すると凝結して霜を作る。下の写真の女性は、ロシア・ヤクーツクで自撮り写真を撮った。気温はマイナス50℃、ごくふつうの日のことだ。

冷たい風

　私たちの体は常に、エネルギーを周囲に放って失っている。これに関わるプロセスは4つある——伝導、放射、対流、蒸発だ。自分の体温より冷たい物体に触れると、体から熱が伝導してその物体に移る。また、体は熱エネルギーを放射しているので、例えば日差しで熱くなった壁のそばに立っているときのように、周りにあるものがエネルギーをさらに多く放射して返してくれない限り、体は冷却されることになる。対流というのは、皮膚のすぐそばにある空気の薄い層が、例えば風が吹くことでほかの空気と入れ替わる現象だ。体のそばにある空気の層は、その体の熱で温められているので、新たな層が現れたらこんどはそちらを温めなければならない。一見異なるようだが、これは熱伝導の一種でもある。体はまた、皮膚から水分が蒸発することでも冷却される。蒸発にはエネルギーが要るので、そのエネルギーが皮膚から奪われ、皮膚が冷たくなるというわけだ。

　風によってどのくらい体が冷やされるかは、その生物の外観によって変わってくる。毛皮がどのくらいあるか、皮膚がどんなふうに形成されているか、血管が皮膚面に近いところにあるか、などといったことだ。風の冷却効果をどんなふうに感じるかは人によっても異なる。とはいえ、いずれにせよ、風が吹けば吹くほど体が冷えるという原則は変わらない。あまり冷えないようにしたいのなら、皮膚をなるべく周囲にさらさないこと、とりわけ風に触れさせないことである。

薄い空気

極端な気象は私たちの日常生活に支障をきたすことが多いが、それでも人は時折、極端な気象こそが日常である場所にあえて行こうとする。高山地帯は寒く、乾燥していて、それでも降水は多く、風が強く、日差しが強く、避難場所が少なく、空気は薄い。非常に過酷な環境だ。しかも天候があっという間に変わる。

高い山に登ると、気圧が低いせいで呼吸がしづらくなる。海抜0メートルの地点では、肺の中の二酸化炭素濃度が上がることで呼吸が促される。だが、標高3000メートルを上回ると、むしろ酸素が不足するために空気を求めるようになる。しかも登山をする人は、吐く息とともにかなりの熱と水分を失う。そのため寒いときにも、暑いときと同じようにたくさん水分を摂取することが大切だ。

海抜0メートルの気圧は1013ヘクトパスカルだ。空気は主に窒素、酸素、水蒸気から成る。気圧のうち、酸素の圧力（分圧）は200ヘクトパスカル。標高5500メートルまで上がると、気圧は海抜0メートルの地点と比べて半分になり、それに伴って酸素分圧も100ヘクトパスカルになる。エベレスト山頂での酸素分圧はわずか60ヘクトパスカル。海抜0メートル地点の30パーセントだ。

肺というのは、細い管と空洞が組み合わさった細かな網のようなもので、赤血球のヘモグロビンの力によって、二酸化炭素が体から排出され、吸い込んだ空気から酸素が供給される。酸素分圧が130ヘクトパスカルを上回っている限り（つまり標高3500メートルよりも下）、ヘモグロビンはたやすく酸素を受け取れる。だが、分圧が100ヘクトパスカルを下回ると（つまり標高5500メートルを超えると）、この力はがくんと下がる。

酸素が不足すると、視力も思考力も下がる。このような極端な環境ではなにより避けたいことだ。身体能力も衰えているし、高度な医療や技術支援を受けられる場所からは、はるか遠いところにいるのだから。酸素が不足すると、体が産生するヘモグロビンの量が増える。これによって血流がとどこおり、血液が凝固しやすくなって、凍傷や血栓のリスクが高まる。酸素の不足はまた、肺の中の血管を収縮させるので、肺水腫のリスクも高まる。脳浮腫の危険も出てくる。

きちんと順序を追って対策を取れば、空気の薄い場所に順応することもできなくはないが、それでも限界がある。標高5500メートルを上回る場所に長く滞在することは、大きな危険を伴う。8000メートルを超える山々の頂は"デスゾーン（死のゾーン）"と呼ばれる。

急激な気温の変化

霜が降りると、おとぎ話のように美しい風景が生まれることがある。色鮮やかな秋の紅葉が、無数の氷の結晶に彩られるのは、とりわけ素晴らしい眺めだ――ルーマニアの山間部を写したこの写真のように。氷の結晶は、空気中に含まれた水分が、氷点下の地面や物体に接したときに生じる。結晶はたいてい、薄くはかなげな羽、木の葉、あるいは針のような形をしている。

晴れた夜には地面が冷却される。多くの場合はそれだけで、地面の温度がプラスであれば水滴が、マイナスであれば霜が生じる。霜はまた、厳しい寒さが和らいで、気温が0℃を少し超えた程度になるときにも生じる。空気中の水分が、冷たいままの表面に触れて凍るのだ。

霜と霧氷は似ているが、厳密には異なる。霜は晴れた空気中の水分が凝結して結晶となるものだが、霧氷は靄や霧の中にある過冷却された水滴によって生じる。霜のほうが結晶の数が多く、日差しに照らされるときらきら輝くが、霧氷はもっと大きな形状で凍りつく。

気温の変化が激しく、空気中に含まれる水分がとても多いと、いわゆる雨氷が生じ、樹木や灌木、地面、道路、電線、建物に氷の膜が張る。これは数センチの厚さになることもあり、その重さで木の枝が折れたりする。過冷却された雨でこれが厚みを増すと、木の幹が折れたり、電柱が倒壊したりすることもある。

積もった雪の上に直接、霜が降りるケースもある。この霜、すなわち氷の結晶の上に、また大量の雪が降ると、薄い霜の層が滑走面と化し、雪崩の際に雪がその上をすべっていくことがある。

永久凍土が融けていく

　地中の土、石、水が、２年以上続けて凍結している地盤を、永久凍土という。上のほうは夏になると融けることがあり、活動層と呼ばれる。ここには草や灌木が生え、高い樹木が育つこともある。だが、地中の深さ50センチ〜１メートルのところは、もう凍っている。凍結している層の深さは、１〜２メートルのこともあれば、数十メートルに及ぶこともある。

　極地に近いところでは、気候変動の影響がはっきりと見て取れる。とくに顕著なのが、１年の中でも寒い時期の気温が上がっていることによる影響だ。冬の訪れが遅くなり、極端に気温の下がることが減っている。逆に、急に気温が上がって、冬のさなかにプラスの温度になることが増えた。

　氷河の厚さや面積が減り、永久凍土が融け、地下水の流れかたが変わり、地盤が動いて、木々が倒れ、道路や家が使えなくなっている。

　海氷が減り、やがて姿を消す

と、海からの波で沿岸部の侵食が進む。波が陸に押し寄せ、引き波とともに砂や土、石が海へ運ばれていく。何万年もずっと凍っていた地盤が融け、崩れて、海岸に向かって流れ落ちる。海が陸をむしばむのだ。米国アラスカ州の北岸を写したこの写真にも、それが如実に表れている。

　pH値が中性で、酸素に触れない、凍った水の中に閉じ込められている状態というのは、有機物が破壊されることなく休眠状態でいるには理想的な環境だ。20世紀初めから永久凍土の中に埋まっていた炭疽菌が100年後に姿を現し、トナカイの放牧を生業とするロシア人72人が感染した。2012年には同じくロシアの研究チームが、３万年ものあいだ地中40メートルのところで凍結していた種から、美しいナデシコ科の小さな植物、スガワラビランジを再生することに成功した。また、これとは別のチームが、同量の土壌サンプルから未知のウイルス２種の再生に成功している。

サーモカルスト

　永久凍土地帯では、円形のクレーターのような地形、沼、湖が見られる。永久凍土の亀裂から地下水が上へ押し上げられることで生じる、大きなレンズ型の氷の丘は、"ピンゴ"と呼ばれ、高さ70メートル、直径600メートルに達することもある。"パルサ"も永久凍土のアイスレンズによって生じる地形だが、こちらのほうが小さく、ふつうは高さ0.5〜2メートル、直径5〜25メートルだ。サーモカルストというのは、地中で水が凍ったり氷が融けたりすることによって生じる地面の凹凸の総称で、これに至るメカニズムはいくつかある。このような地形がどこに、どのくらいの規模で生じるかは、気候変動に左右される。アイスレンズが融けると丘が崩壊し、円形の沼あるいは湖が残る。水底では永久凍土が融け、温室効果ガスであるメタンが放出される。

　地中でガスによる圧力が高まって生まれるへこみもある。ガスの爆発で地盤が崩壊し、数メートル大のクレーターができるのだ。メタンガスは、温度の上昇に伴い、微生物が生体物質を分解して発生することもあるが、いわゆるメタンハイドレート、つまり凍結した水中に閉じ込められていたメタンガスが放出される場合もある。暖かくなるとこれが融け、温室効果ガスが大気中に流れ出して、さらに暖かくなる。

　自然に起こる気候変動の大部分は、このようなフィードバックの循環によって引き起こされる。世界が最終氷期を脱したときもそうだった。このときは天体の変化がプロセスの引き金になった。ところが今回は、私たち人類が温室効果ガスの放出という形で、はるかに急激な温暖化を引き起こしている。それに自然が反応して、永久凍土が融け、さらに変化が加速される。

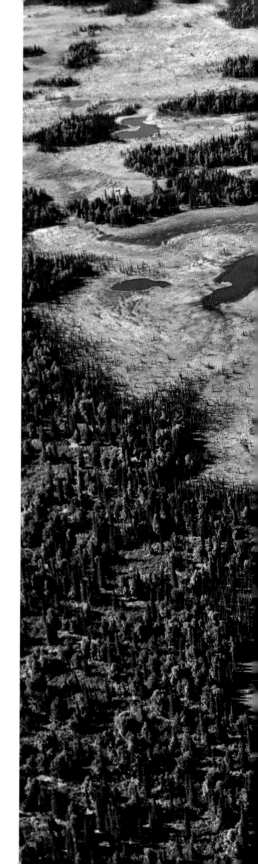

地獄の門

　トルクメニスタンのカラクム
砂漠には"地獄の門"がある。
天然ガス田から放出されるメタ
ンガスが燃え続けている、直径
70メートルほどの穴だ。ここが
まだソ連だった1960年代、原
油や天然ガスを掘り出そうとし
たときに、地盤が崩壊して穴が
あき、大量の天然ガスが流出し
はじめた。有毒ガスが風に乗っ
て近隣の町に広がるよりは、燃
やしてしまったほうがいいと判
断され、技術者が火をつけた。
数週間で火は自然に消えるだろ
うと考えられていた。しかし、
ガスは今日もまだ燃えている。

メタンの泡

　分子単位でみると、メタンのほうが二酸化炭素よりも温室効果が高い。だが、メタンは二酸化炭素ほど長く空気中にとどまらず、やがて変化して水と二酸化炭素になる。メタンはまた、塩素とともに、オゾン層の破壊を助長することがある。

　湖底や海、地面からメタンガスが放出されること自体は、北極圏をはじめ、地球上の多くの場所で起きている自然なプロセスにすぎない。左の写真、カナダのアブラハム湖もそうした場所の一つだ。いま、気候の温暖化でこの放出が加速している。原因は、温度が上がって微生物が生体物質を分解しやすくなっていることと、氷や永久凍土が融けて、そこに閉じ込められていたメタンが放出されていることだ。

　つまり私たち人類は、二酸化炭素の量を変化させて気候に影響を及ぼしているだけではない。メタンの濃度は、人間の活動と自然のフィードバック循環の結果、2倍以上に増加している。温暖化した気候のせいでメタンの放出量が増え、それによってさらに気候が温暖化し……メタンは正のフィードバックを助長するのだ。

氷河が融けている

　次ページ：雪、氷、氷河は、太陽光をよく反射するため、気象や気候に冷却効果を及ぼす。だが、氷河が融けていくにつれ、太陽光に照らされるむき出しの地面や海面が増えている。こうした面は雪や氷よりも温まりやすい。この結果、さらに気温が上がり、ますます氷河が融け、面積を減らしていく。

　融解して氷河の上を流れる水は、時折亀裂の中に流れ込んで、氷の中に川を作る。その水が、氷河の下の岩盤まで下りていくこともある。そうなると、その水が潤滑剤となって、氷河はさらにスピードを上げて海へ向かうようになり、そこで崩壊する（氷山分離）。氷の下を流れる水は、氷河の下に何万年も、場合によっては何十万年も閉じ込められていたメタンを引き連れて、海へ運んでいくこともある。

遠隔相関
（テレコネクション）

　北極圏の生態系にとって海氷は、森の生態系にとっての土と同じぐらい大切なものだ。氷がなければ生態系そのものが変わってしまうし、その変化は北極圏の動植物のみならず、もっとはるかに広い範囲に影響を及ぼす。

　北極圏ほど、気候変動の影響がはっきりと、具体的に見て取れる環境は、地球全体を見渡してもほかにない。温度が 0℃のどちら側かによって、つまり水が固体か液体かによって、非常に大きな差異が生じる。そのうえ、極地の温度変化は平均すると、ほかの場所の2倍だ。

　北極や南極の動植物は、極端な気象条件を耐え忍ぶことに特化している。温度は極めて低く、悪天候から身を守る場所はほとんどなく、食料も限られている。そんな環境が変わってしまうと、低緯度の地域から移動してきた生物種と競わなければならなくなるうえ、元の環境に似た場所へ逃げようとしても、そんな場所は見つからない。

　北極の海氷は、ホッキョクグマやアザラシなどの生物に影響を及ぼすだけではない。海を覆う氷が減れば、人間はそれまで手の届かなかった自然資源、とくに原油やガスを利用できるようになる。極めてデリケートな環境であっても船が通れるようになる。北極圏をめぐる地政学的な利害の対立が生まれ、自然資源や漁業資源、港などの所有権を主張する国々のあいだであつれきが高まる。

　海氷はまた、遠く熱帯の天候にも影響を及ぼす。2012年にニューヨークを水浸しにした熱帯低気圧サンディが、あのような動きを見せたのは、北極圏の氷の状況がジェット気流に影響を及ぼしたことが原因だ。同じ理由で大きく波打つジェット気流が発生し、それが元となって熱帯低気圧ハーヴィー（2017年）とフローレンス（2018年）は、それぞれテキサス州およびノースカロライナ州・サウスカロライナ州のそばで、動きが極めて緩慢になった。その結果、これらの地域では、ほんの3～4日で年間降水量に相当する量の雨が降った。つまり、北極を覆う氷が減ったせいで、米国南部の洪水が激化した、ということになる。

　ホッキョクグマは北極の広大な氷原で生涯の大半を過ごす。写真のホッキョクグマが興味を示している設備は、2018年にスウェーデンの砕氷船オーディン号での探検、"北極海（アークティック・オーシャン）"隊に参加した研究者のものだ。

北極で起きることは
北極で終わらない

次ページ：西南極の半島の先、メルキオール諸島付近を行く帆船。船に比べるとこの氷山は巨大だが、南極の氷河から分離する氷山の中では小さいほうだ。

　氷河から氷山が分離すること自体はごく自然なプロセスで、氷河が重力によってゆっくりと山から低地へすべっていき、最終的に海へ達することで引き起こされる。陸上にとどまったままの氷河の表面近くで、小さな断片だけが分離することもあれば、数千平方キロにもなる大きさの氷山が分離して、遠く沖へ流れていき、そこで割れて小さくなって融けていく場合もある。大きな氷山だと、こうなるまでに何年とかかることもある。海を行き交う船からすると、氷山は危険なものだ。これを如実に物語っているのが、かの有名なタイタニック号の沈没だろう。現代では人工衛星や船舶レーダーを使って氷山を監視している。気候変動と海水温の上昇により、氷山分離や氷河の融解のスピードは加速している。その結果、海面が上昇するだけでなく、さらに多くの面積が濃い色になって、より多くの太陽光を吸収するようになり、融解がさらに加速する。

ストレスにさらされる
海の熱帯雨林

　珊瑚礁は、海にとっての熱帯雨林のようなものだ。生命に満ちあふれていて、珊瑚礁の外に生息する生物であっても、ここで繁殖したり、食料を調達したりする。面積でいうと海全体のわずか0.1パーセントでしかないが、海の動植物の実に4分の1がここで暮らしている。珊瑚礁があるのは、水が澄んでいて太陽光がたっぷり差し込んでくる、海の浅いところである。大半は5000～1万年前に生まれたもので、それからずっと、比較的安定した気候の中で成長してきた。

　珊瑚礁は、膨大な種類の動植物を擁しているだけではない。それ自体が精緻なフィードバックシステムでもある。すべての部分が互いに作用し合い、また周囲の海とも作用し合っている。だが、こうしたフィードバックが複雑に絡み合っているせいで、珊瑚礁は脆弱でもある。さ

いに見える変化であっても、それがまるでドミノ倒しのように、システム全体の変化を引き起こしかねない。

　いま、地球上にある珊瑚礁の多くが、消滅の危機にさらされている。人類が排出している二酸化炭素の量は、空気だけでは処理しきれない。代わりに多くの二酸化炭素が海に溶け込み、海が酸性化している。これは海の生命体にとって危険なことで、中でも石灰を取り込んで殻や骨格を作る生物がとくに影響を受ける。汚染化学物質、廃棄された医薬品、プラスチック、原油流出、乱獲、トロール漁や爆破による珊瑚の破壊、土壌侵食による水の濁りも、珊瑚礁に多大な影響を及ぼす。そのうえ海水温が上昇してもいるので、私たち人類をはじめ、あらゆる生物にとって頼みの綱である複雑な生命のネットワークが、紛れもない危険にさらされている。

降水

　気温が上がれば上がるほど、空気が含むことのできる水分が増え、降水の可能性が上がる。とはいえ、実際に地上へ降り注ぐ前に、まず水蒸気が凝結して水滴、つまり雲となり、さらにこれらの水滴が集まって、雨、雪、雹となる必要がある。

　典型的な雨粒は、地表に落ちる時点での直径が2ミリ。雲粒の大きさは雨粒の100分の1、0.02ミリ（20マイクロメートル）で、落ちるスピードがあまりにもゆっくりなので、雲の中を縦に吹いている風の力で簡単に浮いていられる。雲粒は、水蒸気が"凝結核"（小さな砂粒、花粉、塩、大気汚染物質など）に凝結することによって生じる。こうした核の大きさはふつう、雲粒の100分の1、つまり0.2マイクロメートルだ。

　小さい雲粒は、空気の湿度が100パーセントを上回らなければ大きくならない。小さな粒の表面は大きく曲がっているので、水蒸気はそこに凝結するよりむしろ蒸発しているほうを選ぶ。だが、粒が大きくなってきたり、あるいは塩など吸湿性のある（つまり水を引きつける性質のある）物質を含んでいたりすると、雲粒が大きさを増していくスピードが速くなる。

　粒はまた、互いにぶつかり合って大きくなることもある。だが、降水の粒がとくに素早く大きく成長するのは、氷の結晶ができた場合だ。水蒸気は、液体状の水よりも、氷に接したときのほうがはるかに速く凝結するからだ。

　私たちは日常的に、水が氷点下になれば凍って氷となるのがふつうだと思っているわけだが、水滴としての水には少々違った性質がある。雲粒は0℃を下回ればすぐに凍るというわけではない。マイナス10℃でも、雲粒のうち氷になっているのは100万分の1だけだ。マイナス25℃で、雲の内部にある氷晶と水滴の数がほぼ同じになる。マイナス40℃まで下がってはじめて、雲は氷晶だけで成り立っている状態となる。つまり、雲の大部分は、いわゆる"過冷却"状態にあるのだ。

　蒸気は液体状の水よりも氷に接したときのほうが素早く凝結し、大気中では高いところに行くと温度が下がる。このため降水は、たとえ暑い熱帯の雨であっても、雲の中から降り出すときには雪、雹、またはほかの形態の氷であることが多い。

　雨が降るのは、空気が上昇して凝結し、雲となった場合だ。積雲がじゅうぶん高いところにあって、上のほうが冷たくなると（通常はマイナス15℃を下回ると）、氷の結晶ができて大きさを増し、やがて雪、雨、雹となって落ちる。太陽光が水滴に差し込み、その中で反射して再び表面から出てくると、虹が出る。空気と水は屈折率が違うので、光が水滴の表面を通過するときに、さまざまな色に分かれることになる。

マイクロバースト

前ページ：マイクロバーストは積乱雲から発生する強烈な下降風で、降水を伴うこともあれば、伴わない場合もある。竜巻に少し似ているが、いろいろな意味で正反対の現象と言っていいだろう。竜巻の場合、空気は吸い込まれて回転しながら雲に向かって上昇していく。マイクロバーストでは、風が雲から地表へ吹き下ろす。地表に達した風は中心から外へ、放射状に吹き、風速50メートルに達することもある。

雲の中では、強い風が縦に吹いている。湿気たっぷりで、水滴や氷晶もある。ところが、雲の上には乾いた空気があり、雲の上部に入り込んできて、雲を形作っている水滴の一部が蒸発する。これによってエネルギーが奪われ、その部分の空気の温度が下がる。すると周囲の空気よりも密度が濃くなって、加速しながら下に向かうことになる。さらに多くの空気が雲に吸い込まれる。下降していく空気は、雨や雪、雹を地表へ連れていく。ハブーブと呼ばれる現象も、このような下降風が原因となって起こるものだ。

激しいマイクロバーストで、"雨爆弾"などと呼ばれる大量の降水が起こることもある。写真は、2016年8月29日にタイ・バンコクを襲った"雨爆弾"のようすだ。

雨の世界記録

霧に包まれたインド・マウクドクの橋を渡る。この橋はふつうの工法で造られたものだが、この地域は、生きた木々の根が絡まり合うのを利用した"根の橋"がいくつもあることで有名だ。写真は、世界で最も雨の多い場所として知られるチェラプンジという都市から、およそ10キロ離れたところで撮影された。チェラプンジの年間降水量は約1万1700ミリで、とくに雨の多い年にはその倍に達することもあるのだ。12カ月間の降水量2万6461ミリ、という世界記録もたたき出したことがある。これほどまでの雨の多さと、森林破壊が組み合わさって、飲料水の質の悪化が大きな問題になっている。雨が多いのは、この地域が台地にあるからで、3月から10月にかけて南西から吹くモンスーンによる雨が、その地勢のせいでさらに強められる。とはいえ、年間を通してみると、雨の量にはかなりのむらがある。11月から2月までのあいだ、北西からのモンスーンが吹いている時期には、雨がほぼ降らない。

この地域には、固有種の植物、つまり地球上のほかの場所には存在しない植物が、何種類も生息している。その多くは、長いあいだ乾燥が続いても生きていける、いわゆる乾生植物だ。

猛暑と水害

左：秋、冬、あるいは春に、通常より10℃暖かい日が何日も続くと、人はそれを"異常"と認識する。もともと暑い夏のあいだに同じことが起きると、それは自然にとっても社会にとっても想定外の出来事であり、極端な結果を招くことになる。

オーストラリアでは、2018年から2019年にかけての夏、暑さと雨が猛威を振るった。7年にわたって乾燥が続いたのち、熱波と大規模火災でそれがピークに達しただけでなく、洪水までもが襲ってきたのだ。

2019年の1月、2月ごろに、干魃と熱波が収まったところで、豪雨がやって来た。オーストラリア北部、クイーンズランド州のタウンズビルでは、1週間のあいだに1メートルの雨が降った。地面や水流ではこれだけの量の雨を吸収しきれず、その結果、大規模な洪水が起きた。約50万頭の畜牛が溺死し、道路や農地などのインフラだけでなく、何万軒もの家々が水浸しになった。

雨に慣れることはできる？

下：重慶は、中国の中でもとくに晴天率が低く、豪雨が降ることのある場所だ。2007年7月、人口750万人を擁するこの都市で雷雨が16時間続き、雨量が267ミリに達して、インフラの大半がまひするなどした。重慶は湿度が高く、年間100日以上は霧が発生する。ほぼ3日に1日の割合だ。

水を防ぐバリケード

前ページ：2011年5月、豪雨によりミシシッピ川が氾濫。支流のヤズー川もあふれだして、それまでの雨ですっかり飽和状態になっていた地面も、本流であるミシシッピ川も、ヤズー川の水を受け止めることができなくなった。しっかりした防御のなかった農地や家々はことごとく浸水の被害に遭った。

　人類は、自分たちのために川を利用しようとして、水の自然な流れを変えたり、太古の昔から水量が極端に増えると洪水になるとわかっている土地に建物を建てたりしてきた。そういう洪水は、長期的に見ても短期的に見ても自然を豊かにするものではあるのだが、人の利益とは相容れないことがままある。

モンスーンがもたらす雨

　マレーシアは赤道のすぐ北にある国で、温暖多湿な気候とモンスーンがもたらす風雨が特徴だ。地理的な条件のおかげで、この国は地震や火山、津波、熱帯低気圧などの災害をまぬがれている。だが、雨によって発生する洪水や地すべりは紛れもなく大問題だ。年間降水量は平均で2500ミリ。過去に最も雨の少なかった年でも1150ミリは降った。逆に最も雨の多かった年の降水量は5687ミリだった。

　24時間降水量の最多記録、608ミリを観測したのは、1967年1月6日、クランタン州コタ・バルでのことだ。これはスウェーデンの大半の地域で1年間に降る雨量とほぼ変わらない。写真は2009年11月、マレーシア北部のランタウ・パンジャンで、水に囲まれた小さな土地に人々や牛が逃げ込んだところ。

スウェーデンでの洪水

2000年の夏、西ヨーロッパを冷気が襲い、ロシアは暖気に覆われた。気団の境界線で低気圧が生まれ、バルト海上空を移動しているあいだに水分を取り込んだ。そうして低気圧がスウェーデンに上陸。地形の影響で空気が押し上げられ、冷やされて、雨が降り出した。大量の雨が。

多くの人の夏休みが雨で台無しになった。ノールランド地方南部では7月の2週間弱で、年間降水量の3分の1に相当する約200ミリの雨が降った。スウェーデン気象水文研究所は100年以上前からこの地域に観測所を置いていたが、これほどの雨量を観測したのははじめて

だった。土壌があっという間に飽和し、中小の川が氾濫。写真はメーデルパッド地方のセードラ・グルゴードという集落で、氾濫したアルデレング川に家が流されている。やがて大きな川や湖も満杯になった。管理された川の下流のほうでは、すでに満水状態となったダムから発電所が水を放出せざるをえなくなり、事態がさらに悪化した。

あちこちで洪水が起きたほか、地下水や井戸水にも影響が及んだ。最終的に水が引いたのちも、地盤が軟らかくなっていたうえ、岸辺や防波堤を支える水がなくなったせいで、崩落や地すべりが起きた。

豪雨の夏

左：中国の内陸部は毎年豪雨に見舞われ、一部の地域では洪水が起きる。湖北省の武漢は、夏が非常に蒸し暑く、中国の"四大かまど"に数えられる都市だ。年間降水量はおよそ 1300 ミリで、豪雨地域に比べるとあまり多いようには聞こえない。だが、この雨の大半が、多湿な夏のあいだに集中して降る。

雨乞いの祭り

下：雨の降らない野外フェスなんて、野外フェスとは言えないだろう？ イングランド南部で行われるグラストンベリー・フェスティバルは、1970 年から開催されている野外音楽フェスティバルで、毎年およそ 15 万人の観客が集まる。英国は夏も冬も雨の多い国だ。2005 年 6 月はイングランド各地で最高気温の記録が更新される形で幕を開けたが、フェスティバルが始まると同時に雨も降り出した。激しい雨で、局地的な洪水が起き、雷が落ちたステージもあったが、それでもフェスティバルは予定通り敢行された。環境保護や人道支援に取り組む団体、グリーンピース、オックスファム、ウォーターエイドが、"貧困を過去のものに、クリーンなエネルギーを私たちの未来に"と訴え、共同でデモを行った。

ベネチアの水

　ベネチアという街はご存じの通り、海と切っても切れない関係にあり、洪水も決して珍しくない。その理由の一つは、118の小さな島の上に建設されたこの街が、その下にある自然の貯水池、帯水層から真水を引いているために、街ごと沈下し続けているという事実だ。このせいで、すでに12センチは地面が低くなっている。洪水が起きるもう一つの理由は海面の上昇で、ベネチアの潟ではすでに水位が14センチ上がった。人類が海に負けている状態で、海面はいまのところ年に3ミリのペースで上昇している。だが、ときにはほんの数時間、あるいは数日のあいだに、もっと速いペースで水位が上がることもある。2018年10月には、海面が通常より156センチも上がり、ベネチアの4分の3が水没した。嵐のせいで雨が降り、イタリア沿岸部に海水が押し寄せているときに、ちょうど満潮が重なったことが原因だった。

　いまから50年後には、満潮が来るたびに、この種の洪水がほぼ必ず起きることになると予測されている。街を守るため、2003年、高さを変えられる防波堤の建設、"MOSEプロジェクト"が始まった。これによって、海面の上昇が3メートル以内であれば、ベネチアの潟全体を守ることができるという。

水の力

前ページ：水は、ゆっくり流れているときには、周囲に合わせて形を変える。だが、流れが速くなると、車のような重いものもあっさりとさらっていく。豪雨が都市を襲うと、大規模な水の流れが発生することがよくある。水が地面にしみ込まず、集まって建物のあいだを流れるからだ。写真は2011年11月5日のイタリア・ジェノバのようす。それまでの数日間、周辺の沿岸地域に激しい雨が降り注いでいた。少なくとも6人が命を落とし、当局はこの事態を“極めて深刻”とした。ジェノバはアペニン山脈のふもとにある沿岸都市で、洪水の原因となった水の大半は、周りの山々から海に向かって流れていたものだ。

地表を流れる雨水を処理するシステムが、極端な雨量に対応できない都市は多い。これにはたいていの場合、歴史的な理由がある。建設されたばかりのころは、どの都市もまだ小さく、大半の水が、自然のままの周辺地域に吸収されていた。加えて、多くの場所で、極端な水の流れが発生する確率が上がったことも事実だ。

地すべり

地すべりや地盤の崩落は雪崩に似ていて、地盤が滑走面に沿って動くことで発生する。大雨が降ると、地盤そのものが重くなるうえ、地盤内に入り込む水が滑走面と化すことがある。固かったはずの泥も、まるで液体のようになってしまう。

建設作業や、土地の造成、水の流れを変えるなどの人間の活動で、一見しただけではわからなくとも、地盤がひそかに不安定になっている可能性がある。そこに地震が起きたり、激しい雨が降ったりすると、地すべりや地盤崩落が起きかねない。

地盤の崩落は、反発力がなくなった結果引き起こされることもある。例えば、波によって岸が侵食されたとき、あるいは湖や川が氾濫して、岸の土壌が水で飽和状態になり、緩くなったとき。そのあとに湖や川の水位が下がると、水の支えを失った岸が崩落することになる。

写真は2010年4月、地すべりによって、台湾北部の国道3号に土砂や草木が流れ込んだところ。

地面の陥没

左：シンクホールは、地盤が下の空洞に落ちて陥没することで生じる。地中を流れる水によって、地下の構造が崩れて発生することが多い。よくあるのは石灰岩が侵食されて起きるケースだが、全部がそうというわけではない。トンネルの崩落、地下水のくみ上げ、都市の震動で不安定になった地盤など、人為的な要因でシンクホールが生じることもある。

グアテマラシティは軽石と灰の上に建設された都市だ。2010年6月2日、熱帯低気圧アガサがこの街を襲った。激しい雨が降ったうえ、排水システムは規模があまりにも小さく、しかもしっかり手入れされていなかったので、水が地中を流れはじめ、シンクホール発生の条件が整った。3階建ての工場が、地面にあいた穴にのみ込まれ、少なくとも1人が死亡。さらに、熱帯低気圧による大雨が引き起こした"ふつうの"洪水でも、100人ほどが亡くなっている。

波打つ道路

下：ロサンゼルスの北、数キロ離れたところにある、バスケス・キャニオン・ロードという道路は、丘の斜面を切り崩して造られたものだ。乾燥した期間が4年続いたのち、2015年11月、米国南西部に強い雨が降った。干魃によって地盤に亀裂が入っていたので、そこに雨水が入って砂岩にしみ込んだ。雨水はそこから数メートル地下へ下りていき、泥の層に沿って広がった。その後さらに雨が降ったため、斜面の重さが増し、泥の層に沿ってすべりだした。斜面の地盤が道路の下に押し込まれ、道路が持ち上げられ押しのけられた。何週間にもわたって進行する、ゆっくりとした地すべりだった。やがて道路は車が走れなくなるほどに変形した。修復され、1年後に再び開通したものの、地中に入り込んでいるかもしれない雨水を排出するしくみを整え、地盤を安定させるための作業は、いまも続いている。

海岸の侵食

海はいつの時代も陸をむしばんできた。海面の水位が比較的安定していたここ7000年ほどのあいだも、それは同じだ。これまでのところ、主に侵食されていたのは海抜の低い土地だった。ところがいまや、崖や急斜面となっている海岸にも影響が及んでいる。写真は2017年2月に撮影された米国カリフォルニア州の家々。2015年から2016年にかけての強大なエルニーニョ現象が原因となって、激しい波が襲ってきたあとのようすだ。エルニーニョ現象とラニーニャ現象は、太平洋で、海水の温度や流れが風、降水、熱帯低気圧と互いに影響し合うことで起きる。

地球温暖化によって、海面が上昇し、さまざまな変化が加速している。海水の温度が上がり、その範囲が広がっている。大陸氷河が融け、その量が減り、海面はさらに上昇する。この上昇は、地球全体で均等に起きているわけではない。温度、塩分濃度、風や海流といった要因により海岸の水位がどれだけ上昇するかは場所によってさまざまだ。大陸氷河が融けると、それまで重さに押し潰されていた地面が、ばねのようにはね返って隆起する。将来、内陸部にある大きな氷床がいまよりも薄くなって、局地的に重力が変化すれば、それも海面の水位に影響を及ぼすだろう。

2000〜5000年後、海面はいまより数メートルから数十メートル高いところで落ち着くと予想される。めまいのするような数字だ。インフラや食糧生産への影響も、地政学的にどのような影響が及ぶかも、もちろん現時点で知ることはできない。いまのところは、嵐や波、海の動きに比較的小さな変化が起きている程度だ。海岸侵食の被害に遭っている人々は、侵食を食い止めるためにできることをしている。だが、たとえどんなに資金や資源を投じようと、どの解決策も一時的なものでしかない。誰であろうと海に勝つことはできないのだ。

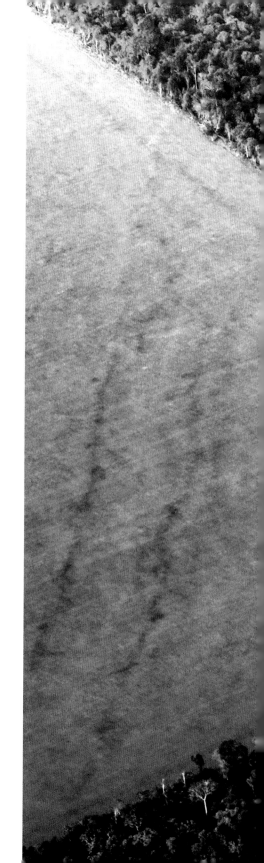

減少する雨林

前ページ：年間で 1500 ミリ以上の雨が降り、長く雨の降らない期間がない森を、雨林と呼ぶ。熱帯雨林と温帯雨林があり、後者は四季がはっきりしている。

熱帯雨林は 3 層に分かれている。高さ 30 〜 50 メートルのところに林冠があって、その下をすっぽり覆い隠すほどに茂っている。その下に中間層があり、太陽光の 5 パーセントしかここには届かないが、それでも実に多様な生物を養っている。最下層に地表面、林床がある。動植物が腐敗し、菌類が多く生息する、代謝の盛んな場所だ。

地球上の動植物種の半数が、熱帯雨林に生息している。雨林はおよそ 6000 万年前から存在している。100 年ほど前、熱帯雨林は地球上の面積の約 14 パーセントを占めていた。だが、人間社会にむしばまれて年々減少し、すでに半分がすっかり様変わりしてしまった。生物種が減少し、雨林内での相互作用、さらに雨林とほかの生物圏とのあいだの相互作用も失われて、森から遠く離れたところでも、生物にとっての環境が変わってきている。

森の木々を伐採すると、そこに生きる動植物の生育条件、無数の年月をかけて育まれてきた複雑なつながりが破壊されるだけではない。気象も変わるのだ。水分の蒸発、水蒸気が凝結する粒子や花粉、吸収されたり反射したりする太陽光の量、水分を吸収し保持する土壌の力……すべてが変わる。

森林破壊は、人間による温室効果ガス排出の大きな原因の一つだ。バイオマスの燃焼による排出もあるが、植生のなくなった土地から温室効果ガスが排出されるからでもある。土壌を固定する植生が消え、土壌の侵食が起きると、川や湖、河口部分の水に汚泥が混じるようになる。そもそも木々を伐採するのは多くの場合、そこに何千年も生えていた木々に代わって、別の樹木や植物を栽培するためだ。だが、こうして行われる単一栽培では、元の原生林にあった頑健性、種の多様性など望むべくもない。

右の写真は、ブラジル北部パラー州のテラ・ド・メイオ。大豆を栽培するため、森林と、そこに生きる種の多様性が破壊されている。

雪壁の通路

左：日本の北部の山岳地帯では、秋と春に大量の雪が降り、高さ20メートルにも及ぶことのある雪溜まりができる。春、本格的な雪解けが始まる前に除雪が行われ、立山黒部アルペンルートの最高地点、室堂への道路が開通する。道路脇に垂直にそそり立つ雪の壁に沿って歩くのが、観光客に人気のイベントだ。雪は1年中積もっているわけではなく、ふつう7月には融けてなくなっている。

下：ノルウェー・ソグネフィエルの山岳地帯を行く県道55号線に沿って、除雪機が作業をしながら、雪の塊の中を1メートル、また1メートルと進んでいく。除雪機が数メートルの高さまで放り上げた雪は、その道路脇、10メートル離れたところに着地する。写真は2017年4月末のようすで、この冬に記録的な量の雪が降ったというわけではないが、それでも雪の深さは数メートルに及んだ。

雪に包まれて

次ページ：カナダ北東部に位置するイカルイトの町が、分厚い雪の層にすっぽり覆われてしまったようす。イカルイトは、カナダ本土とグリーンランドのあいだ、バフィン島にある町で、緯度はノルウェーのトロンハイムと同じだ。その気候は"北極ツンドラ気候"とされる。つまり寒く、植物がほとんど育たない。植生が限られているのは、1年のうち8カ月の気温が氷点下だからというだけでなく、永久凍土のせいで深さ15〜20センチから先に根が育たないからでもある。風が吹いても、それで横なぐりの雪が降っても、それをさえぎることのできる樹木は1本もない。

自由落下を超える
スピード

下：2019年、スイスとオーストリアでは、年が替わったころからほぼ絶え間なく雪が降り続いたのち、1月から2月にかけて多くの雪崩が発生し、そのうちのいくつかは深刻な被害をもたらした。雪崩が生み出す力にはすさまじいものがあり、スイス・シュヴェーガルプで壊滅的な損害を被ったホテルレストランを撮影した下の写真にも、それが如実に表れている。

雪崩は、雪が山の斜面をすべり落ちていくことで起きる。泡雪崩は時速300キロを超えるスピードになることもあり、これは人間が自由落下した場合よりも速い。面発生雪崩や湿雪雪崩(しっせつ)はそこまで速く移動しないが、密度はこちらのほうが高く、スキーヤー、森、場合によっては建物など、行く手にあるものを並外れた力でさらっていく。

雪崩はこうして
発生する

右：タジキスタンの最高峰、イスモイル・ソモニ峰（コミュニズム峰とも）をすべり落ちていく雪崩。雪崩が発生するのは、雪の最上層の重さが増して、その下の層では支えきれなくなるときだ。下の層が崩壊して、雪は斜面に沿って下降を始め、その勢いでさらに多くの雪が動かされる。スキーヤーひとりの重みがかかっただけでも、あるいはスキーヤーが雪の層に切り込みのようなものを入れただけでも、雪崩を起こすにはじゅうぶんだ。

雪崩はまた、降雪や湿気で雪が重くなり、下の層が崩壊して引き起こされることもある。温度が上下して、下層にある雪の結晶が変化し、上に積もっている雪の重みを支えられなくなるケースもある。急にひどく寒くなったり、逆に暖かくなったりすると、雪の中でも温度の高いほうから低いほうへ水分が移動する。水分が凝結して凍りつくと結晶ができ、重さを支える力が弱まるのだ。

雹

　数千メートル上空から、テニスボール大の氷が落ちてくるところを想像してみてほしい。雹は凝縮された氷の塊で、いかにも冬のものという感じがするが、実は雹が降るのはほぼ例外なく非常に暑いときだ。なぜなら、相当な量のエネルギーがなければ、雲の内部に強力な上昇気流が生まれず、従って小さな氷の塊が雲の中に長くとどまって大きくなることもない。そして、そのエネルギーの源は、差し込んできて地表上の空気を温める太陽の光だ。空気が上昇し、縦に長い巨大な積乱雲が生まれる。その雲の中で、雪の結晶や雨粒が大きくなっていく。それらが合体し合ってさらに成長し、最終的には雲から落ちるほど重くなる。

　降水の粒は、地表へ落ちていくにつれてだんだん温かな空気の層に入り、それによって融けていく。地表の気温がプラス数℃でも雪が降ることがあるのは、その雪がもっと高いところにある冷たい空気の層から降っているからであり、また雪粒が落ちて雲を出ていくときに、雪粒から水分が蒸発し、それによって粒が冷やされるからでもある。

　雹はふつう、インゲン豆程度の大きさで地上に降り注ぐが、それよりもはるかに大きな雹が降ることもないわけではない。毎年、人間や動物に加え、たくさんの車、建物、植物が雹の被害を受ける。写真は2018年8月、米国コロラド州に降った雹の被害のようす。

タンクローリーを
待ちながら

下：ナトワルガド村の大きな、しかしほとんど干上がった井戸に、人々が集まり、最後に残ったわずかな水をくみ上げようとしている。2003年6月、日陰の気温は44℃に達し、インド西部のグジャラート州は10年以上ぶりの激しい干魃に見舞われていた。川も井戸も池も干上がってしまい、頼みの綱はただ一つ、国が手配したタンクローリーが到着して住民に飲み水を供給してくれることだ。インドが干魃に見舞われている中で、国連はこの2003年を"国際淡水年"とした。同年の世界環境デーのテーマは、"水——20億人がそれに飢えている"だった。

インドの真の財務大臣

右：モンスーンがもたらす雨は、生態系にとって大切な要素だが、およそ5年の周期で、農業やインフラに極端な被害をもたらす強い雨が降る。

南西からのモンスーンはハバガットと呼ばれ、南アジアに大量の雨を降らせる。その到着を知らせるのも激しい雨で、モンスーンは5月から9月まで吹き続ける。広範囲にわたって長く続くこの風は、地形、季節、ジェット気流、海流などが作用し合って引き起こされる現象だ。日常生活に大きな影響が及ぶため、インドでは"真の財務大臣"と呼ばれている。2004年6月にはアッサム州が大規模な洪水に見舞われ、900万人近くが被害に遭った。

12月から2月にかけてのこの地域の天候は、北東から冷たく乾燥した空気をもたらすモンスーン、アミハンに大きく影響される。

水——
なにより大切な生命線

　太古の昔から、人類をはじめとする生物の生活圏は、水を手に入れやすいかどうかによって決まってきた。これからも、貯水池の水を使いすぎてしまったり（数十年経たなければ気づかないこともある）、気候や気象のパターンが変わったりして、人はますます、水を節約する、遠くから運んでくる、質の悪い水でがまんする、農地や住まいを放棄する、などといった形での適応を強いられるだろう。写真の男性は、2010年3月に中国・雲南省を襲った長い干魃のため、ほぼ干上がった貯水池で水をくもうとしている。

地上に広がる月の風景

前ページ：チリのアタカマ砂漠には、"バジェ・デ・ラ・ルナ"、月の谷と名づけられた谷がある。石や岩によって形作られる風景が、月を思い起こさせるためだ。ここではまた、湖の水が干上がってできた塩原や塩の結晶も見られる（これは月にはない）。

アタカマ砂漠は世界の中でも極めて乾燥した場所だ。南米アンデス山脈の西側に位置するこの高地では、年間降水量が平均で1ミリ。中には有史時代に入って以来、一度も雨の降っていないエリアもある。これほどまでに乾燥している理由は、太平洋の寒流フンボルト海流のせいで、海から運ばれてくる水蒸気の量が少ないことと、この地域がほぼずっと高気圧に覆われていることだ。

アタカマ砂漠の気候は火星になぞらえられる。そのためこの地域は、火星へ送られる測量機のテストに利用されてきた。雲や湿気があると、宇宙の天体や現象を観察しにくくなるので、乾燥しているうえ、光の粒子や地面の震動で大気を汚染する都市から遠く離れたところにあるアタカマ砂漠は、天文学の研究にもうってつけの場所だ。

白い砂漠

砂漠を定義する要素としては、乾燥していること、降水量が極めて乏しいことが挙げられる。このため、砂漠には基本的に動植物が存在しない。こうした条件は、例えば南極のマクマード・ドライバレー（乾燥谷）のような寒冷地でも満たされることがある。氷河となって蓄積されている水は、雪の形で降ったか、凝結したか、周辺地域から吹き込んできたかだ。

この乾燥しきった谷で、地面が露出しているエリアの一部では、ベリリウム10を解析した結果、少なくとも1400万年は液体状の水が地盤に入り込んでいないと判明した。雪が降った可能性はあるが、雨はもう大変長いこと降っていないのだ。

さまざまな現象

稲妻は毎日見られるものではないかもしれないが、それでも非常によくある現象と言っていいだろう。1秒当たりに換算すると、雷は約100回も発生している。雷は、電子を分配し直すだけではない。窒素固定に寄与する自然の循環の一部でもある。窒素は、あらゆる生物に欠かせない構成要素だ。ところが、私たちが吸い込む空気の実に78パーセントがその窒素であるにもかかわらず、動物も、植物も、窒素ガスをそのまま体に取り込むことができない。原子があまりにもしっかりと結びついているせいだ。だが、雷のエネルギーで窒素分子が原子に分解され、その原子が空気中の酸素と結合して、窒素酸化物となる。窒素酸化物は水に溶けるので、雨とともに窒素が地中に入り込む。こうして窒素は生態系の循環の一部となって、植物や菌類、動物の糧となる。雷の放電は、自然界での窒素固定のうち、およそ10分の1を担っている。残りは、植物と共生しながら窒素を"食べる"細菌の力による。

壮大な電気現象としてはもう一つ、極光、オーロラが挙げられるだろう。寒い冬の夜の現象と思われがちだが、実は24時間、1年中、緩くつながった環状で極地に発生している。夜にしか見えないのは、空の青い光と比べて、オーロラの光の強さがほんのわずかでしかないからだ。街の光が空に反射しただけでも、オーロラの観測は難しくなる。そのうえ、オーロラはすべての"向こう側"、つまり青空や反射した街の光のもっと上に出現する。しかも当然ながら、雲のない状態でなければオーロラは見えないので、最も見えやすいのは冬の高気圧のときということになる。そういうときはエネルギーの放射量が大きく、そのため寒さが厳しくなって、多くの場合、気温逆転（地表近くに冷たい空気の層ができる）が起きて無風になる。こうしたいろいろな条件を考え合わせると、暗く、寒く、風がないときに、街から遠く離れたところなら、オーロラが見えやすいということになる。

奇妙でドラマチックな見た目の雲は何種類もある。そのような雲が現れたからといって、地表付近が極端な天候になるとは限らないが、大気圏の上のほうでは極端な状況になっていることを物語る現象だ。この章では、そうした状況のいくつかを解説し、ほかの目をみはるような気象現象も紹介しよう。

乳房雲（mammatocumulus）は、積乱雲（雷雲）、あるいはそれが消えたあとに残った雲から発生する、房が垂れ下がったような形をした雲だ。つまり、独立した雲の種類ではなく、別の種類の雲の一部ということになる。乳房に似ているということでこの名がついた。乳房雲は、雲底（雲の下面）から下降する冷気によって生まれる。積雲の側面や上面が暖気でむくむく膨らむのと同じだ。かなり強力な対流が起きていること（それで雲の内部に下降風が生まれる）と、空気が層に分かれて安定していること（そのため空気が房を突き抜けて下りていかない）、両方の条件が重ならなければならない。これら二つの条件はやや矛盾しているので、この雲は比較的珍しい部類に入る。午後遅くから夕方にかけて、太陽が橙色の光を放っているときに発生することが多く、米国テキサス州・ジョージタウンで撮影されたこの写真のように、奇妙ながらも美しい模様が生まれる。

雷が起こす
ソニックブーム

　雲の内部や、雲と地表のあいだで起きる雷放電は、雲の中で電界が形成されることで生じる。過冷却された水滴、氷晶、雪、霰、雹が、互いにぶつかり合う。これらの粒はそれぞれ密度が異なり、上昇する風によって水や氷晶、雪が持ち上げられていく一方で、密度が比較的高い霰や雹は同じ高度にとどまるか、または落ちることになる。これでまた粒子がぶつかり合って、霰と雹に電子が集まり、やがてその電子が雲の中で分配し直されて、電界が生じる。ふつうは雲の下のほうがマイナスの電気を帯びる。雷放電の際には、空気があっという間に1万～3万℃まで熱せられ、音速を超えるスピードで膨らむことになる。この結果、飛行機が音速を超えるスピードで飛ぶときのような形で、ソニックブームが生じる。雷のすぐそばにいるとき、雷鳴は極めて強烈な短い爆音に聞こえる。雷から遠ざかると、その音はご存じの通り、むしろゴロゴロとうなるような音となる。このような音になるのは、空気中を伝わる音の速さが気温や湿度によって異なるので、爆音が"分散される"からだ。音の一部はまた、物体や地面、あるいは気温逆転した空気の層にぶつかって跳ね返ったりもする。

　ふつうの状況で、空気がうまく混ざっているときには、高いところのほうが気温が低い。ところが、気温逆転を起こしているときはその逆だ。冷たい空気が地表近くに集まり、この冷気と、その上にある暖気とのあいだに、比較的くっきりとした境界線ができる。

　写真は、クロアチア・ドゥブロヴニク沖の海に、同じ雲から雷が二つ落ちるところ。

ファラデーケージ

　マイケル・ファラデーは19世紀前半に活躍したイギリス人の学者で、電磁気学や化学の発展に大きく貢献した。その業績の一つが、金属のケージや網の中にいれば放電から身を守れる、と証明したことだ。雷は飛行機や車にも落ちる可能性があるが、それで中の人間や電子機器に被害が及ぶことはない。

　写真は2017年、オランダ・アムステルダムのスキポール空港付近で撮影されたもので、離陸中の飛行機が雷に打たれるところを捉えている。雲の中で強力な電界が生じ、飛行機が引き金となって雷放電が起きた。

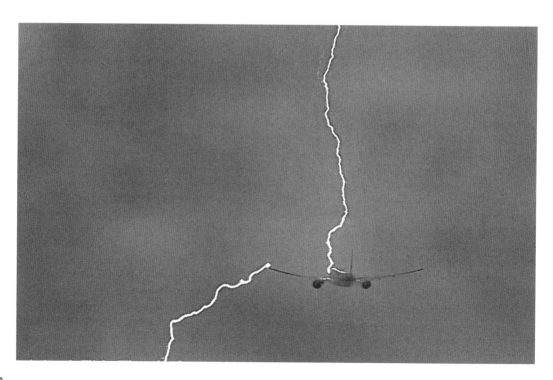

雷は地中にも伝わる

　雷の直撃を受けたら、それは当然、命の危険につながる。が、雷が落ちた場所のそばの地面に立っているだけでも、重傷を負うことがある。雷が地面に落ちると、その地点から放射状に電界ができる。それで電位差が生じ、一帯に立っている動物の体に電気が流れるというわけだ。これは命に関わることもある。ノルウェーで、トナカイ322頭の群れがたった一度の雷で死亡したのが、その例だ。

火山と雷

次ページ：火山の噴火は、地球上で起きる中でも有数の、極めて壮大で力強い自然現象だ。その源は、日常生活ではまったく気づくことのない、ゆっくりと進む地質学的なプロセスにあるが、いったん噴火すればあっという間に激しい変化が起き、火山付近にいる生物にとっては破滅的な事態となることもある。

　それほどの被害はもたらさないものの、美しさでは引けを取らないのが、地球の内部から噴き出してくる灰の噴煙の中で生じる稲妻だ。電気を帯びるしくみは雷雲の場合と変わらない——粒子がこすれ合い、電子が移動する。こうして電気を帯びた灰が、噴煙内部の激しい動きによってあちこちへ飛ばされる。やがて大きな電界が生じ、電子が飛び出していって、雷が発生する。2010年4月17日、アイスランドの火山エイヤフィヤトラヨークトルが噴火したときにも、雷がいくつも発生した。

レンズ雲

　レンズ雲（lenticularis）は、レンズか小皿が重なったような形の雲だ。空気が山の上などへ上昇させられると、その空気は冷やされ、水蒸気が凝結する。雲は静止していて変化がないように見えるが、強い風が吹いていて、雲を形作る水滴や氷晶は絶えず入れ替わっている。写真は、日本の最高峰である富士山（標高 3776 メートル）の頂上にかかったレンズ雲。レンズ雲が発生するもととなるのは、山のような硬い物体に限らない。例えば、雷雲はその上の空気を膨らませることがあり、それでレンズ雲が発生する場合もある。これはいわゆる"かなとこ雲"とは異なる現象だ。

宇宙からの訪問者？

　ＵＦＯを見たという目撃証言の中には、実はレンズ雲だったという例が含まれているかもしれない。

　レンズ雲は、空気が山の上へ上昇させられることで発生するが、山の斜面を下りていく空気が波状の動きをすることで生じることもある。この場合はつるし雲とも呼ばれる。波状の動きは、浅瀬や小川を流れる水が、中の石を越えていくときの動きに似ている。波頭のほうでは水蒸気が凝結して水滴となり、雲ができる。波間では水滴が蒸発し、雲が消える。レンズ雲は、空気を波打たせる原因となった山岳地形から、空気の下流へ何十キロも離れたところで発生する場合もある。

　空気中の水分は、多すぎてもいけないし（それでは波頭でも波間でも雲が発生してしまう）、少なすぎてもいけない（それでは雲自体が発生しない）。写真は、南アフリカ・ケープタウンで撮影された。

空に浮かぶ波

右上：ケルビン・ヘルムホルツ雲は、海や湖で砕ける白波に似ている。天に現れるこの波の原因も、海や湖の波とほぼ同じプロセスだ。この雲は、密度や動きの異なる空気の層二つの境界面で発生する。上の層のほうが密度が低く、下の層とは違った速度で、あるいは違った方向に動いている。この二つの層の境界面で"つかみ合い"が起き、空気が混じり合うことで、波の形をした構造が生まれる。このプロセス自体は、意外なほど頻繁に起きているのだが、それが私たちの目に見えるのは、片方の層に雲があってコントラストがはっきりしているとき、つまり空気の層の性質が明らかに違っているときだけだ。というわけで、この雲の形は、ただ単に空気の動きかたの影響を受けているだけであって、雲が形成されるプロセスには関係がない。

名称は、流体の層のあいだの境界面が乱されたとき、その流体にどのような力がはたらくかを研究した19世紀の学者、ケルビン卿とヘルマン・フォン・ヘルムホルツに由来する。

ケルビン・ヘルムホルツ不安定性は、流れる速度や方向の異なる液体や気体のあるところなら、太陽の内部、木星の赤斑の周り、高度1万メートルのところを吹くジェット気流の周辺、海流の中、小川の中、水を満たした鍋など、どこでも発生しうる。波打つ雲を捉えたこの写真は、カナダ・カルガリーで撮影された。

ロール雲と棚雲

右下：アーチ雲（ラテン語名Arcusは、アーチ、弓の意）には、二つの形態がある。片方はわりあい穏やかなものだが、もう片方はもっと劇的な展開を予感させる。いずれにせよ、前線が通過する際などに、気団の境界面で発生する雲だ。穏やかなほうは一つだけ、または似たような雲と連れ立って現れ、ロール雲（arcus volutus）と呼ばれる。なにかを巻いた筒を横倒しにしたような雲だ。進行方向の前端がせり上がる形で回転しているので、押し寄せる波などと比べると、回転の方向がおかしいように感じられる。オーストラリアのクイーンズランド州は、ロール雲がたびたび観測されることで有名で、ここではロール雲に"モーニング・グローリー"という名がついている。写真の雲はスウェーデン・ストックホルム沖の群島で撮影された。

次ページ：ドラマチックなほうのアーチ雲（写真はオーストラリア・シドニーで撮影）は、棚雲とも呼ばれ、誰にも気づかれないまま消えてしまうことはまずない。前面はくっきりとしたギザギザ状で、下面も波打っていることが多い。アーチ雲は、積乱雲から吹き下ろす冷たい空気と、周囲の比較的温かい空気との境界面に生じる。棚雲は、冷たい突風や雨に加えて、ときには雹や雷の前兆となる。

新しい雲形

　2017年、30年ぶりに新しい雲形が世界気象機関（WMO）に承認された。気象学の事典に独立した項目として掲載されることになった、12の新しい雲形の一つが、アスペラトゥス波状雲だ。このスリリングで珍しい雲は（写真はグリーンランド・カーナークで撮影）乳房雲に似ている。泡に覆われた水面を下から見たような、頭上で波打つ巨大なシーツのような、そんな雲だ。アスペラトゥス波状雲は気温逆転が起きているときに発生し、温度、湿度、動きの異なる空気層の境界面を示す。くっきりと波打っていて、突き抜けられないように見えるこの雲が発生するのは、下側の冷たく乾燥した空気と、その上の温かい、雲や湿気で飽和状態となっている空気とのあいだに、大きな温度差が生じているからだ。上の空気層で突風が吹いて境界面を押し下げるが、その面がばねのような弾力で押し返すので、まるでテーブルクロスか水面の波のように雲がうねる。

穴あき雲

薄い雲にくっきりと穴があい
て見えることがある。とくに層
積雲や高積雲の場合に多い。な
んらかの乱れが生じて、限られ
た範囲内の雲を変化させるとき
に見られる現象だ。乱れという
のは、飛行機の通過であったり、
下で発達している積雲から縦に
吹いてくる風であったり、逆に
上の雲から降ってくる雨や雪で
あったりする。

発生時の状況として最もよく
あるのは、元の雲に含まれた水
滴が過冷却状態で、氷点下なの
に凍結していない場合だ。これ
らの水滴が氷の結晶となるに
は、なんらかの乱れ、きっかけ
が必要になる。いったん氷晶が
できはじめたら、そこからの進
行は速い。水の液体も気体も素
早く氷晶のほうへ移動していっ
て、氷晶はあの特徴的な樹枝状
の構造になる。これは雲の少し
下にまでにしか落ちないことも
あり、その場合は尾流雲と呼ば
れる。つまり地表に達しない降
水ということだ。穴あき雲のラ
テン語名は、ほかの雲の名称に
"cavum"（空洞の意）を加える
形で示される。

写真の雲（オーストラリア・
カランバラで撮影）では、氷晶
で暈が発生してもいる。

雲が描く模様

左：飛行機が空に残す白い飛行機雲は、誰しも見たことがあるだろう。燃焼で生じた水蒸気が凝結し、水滴や氷晶となった結果だ。空気が乾燥していれば水蒸気は気体のままだが、湿度が高いと、このような"結露の跡"、つまり飛行機雲が発生して、長いあいだ消えないこともある。加えて、燃焼で生じる粒子が凝結核となり、それをもとにした雲粒も増していく。海の上でも、船舶エンジンの排気ガスに含まれる粒子や水蒸気が凝結核となって、同じ現象が発生する。

写真は、米国アラスカ州の南でそのような現象が起きたところ。

私たち人類は、空気中にさまざまな粒子、エアロゾルを供給していて、そのせいで雲が増える。燃焼エンジンが発する煙ほど、凝結核の密度が高いものは自然界にない。このため自然の雲は、飛行機や船舶などが作る雲と比べると、雲粒の数が少ないが、サイズは大きい。小さな粒のほうが大きな粒よりも効果的に光を反射するので、人間の活動でできた雲のほうが白く見える。

乱気流で雲がほどける

下："穴あき雲"の一種だが、飛行機が通過したあとの乱気流で、過冷却状態の水滴を含む雲に細長い跡がつくことがある。空気がかき乱されて、過冷却状態の雲粒が一部は蒸発し、一部は氷の結晶となるのだ。

幻日
<small>げんじつ</small>

　虹が見えるのは太陽に背を向
けているときで、太陽光は水滴
に反射して見る人のもとに届く。
水滴は丸いので、左右対称の半
円形をした光現象となる。この
写真（2018年12月、スウェー
デン・ボーレンゲで撮影）のよ
うな暈が見えるのは、太陽に顔
を向けているときで、光は氷の
結晶を通過して拡散される。氷
晶は丸くなく、六方晶（六角形）
だ。鉛筆のような細長い柱状の
ものもあれば、六角ナットのよ
うな短いものもある。氷晶は地
面に向かってゆっくりと落ちて
いるが、空気をかき分けていく
その動きは、決して無秩序では
ない。"鉛筆"は長辺を下にして
落ち、"ナット"は平らな面を下
にして落ちていく。この結果、
無数の小さな氷晶がそろって太
陽光を屈折させる。暈が幾何学
的な構造をしているのはこのた
めだ。

励起状態にある原子

カナダ上空の国際宇宙ステーション（ＩＳＳ）から見たオーロラ。オーロラは、太陽が放つ電子と陽子が、飛行機が飛んでいる高度から10倍は高いところで、地球の大気にぶつかることで生じる。北半球では北極光（aurora borealis）、南半球では南極光（aurora australis）とも呼ばれる。

この現象が、北極点や南極点を囲む環状となって発生するのは、太陽が放つ粒子が地球の磁場の力で大気圏へ導かれるからだ。そこで酸素や窒素の原子とぶつかり、原子が励起状態になる、つまり、電子が一つ外側の電子殻へひょいと移動する。そして、電子が通常の電子殻に戻るときに光が放たれ、私たちはさまざまな色の光現象を見ることになる。昔なつかしいブラウン管テレビに映像が映し出されるのと、ほぼ同じプロセスと言っていい。

この写真にはまた、“大気光”と呼ばれる現象も写っている。大気圏の上に平らに広がっている、かすかな緑青色の光だ。大気光は、太陽からの光が酸素と反応することで生じる。オーロラとほぼ同じ高度で起きていて、そのプロセスの一部、励起状態だった電子が通常の電子殻に戻って光が放たれる、という部分も同じだ。大気光はまた、原子に分かれていた酸素が再結合して、酸素分子O_2となるときにも生じる。これは何時間ものタイムラグを置いて起きることもある。夜でも大気光が輝いているのはこのためだ。

地磁気と大気圏が、宇宙や太陽から差し込んでくる有害な宇宙線から、地球の生物を守っている。地球は時折、降り注ぐ大量の高エネルギー粒子で、まるで爆撃を受けているような状態になる。すると人工衛星には直接的な被害が出るが、粒子は地表までは届かない。とはいえ、磁場には乱れが生じるので、地表にある電子機器が影響を受け、損なわれることがある。このような爆発的放出は、小規模なものならわりあい頻繁に発生していて、とくにデリケートな電子機器はそれで壊れてしまう。もし仮に、紀元前660年ごろに起きた爆発的放出に匹敵する規模の放出が起きたら、現代社会は壊滅的な被害を受けるかもしれない。

次ページ：アイスランド・ヴァトナヨークトル国立公園に現れたオーロラと、それを観測する人々。

美しくも危険な雲

　真珠母雲（極成層圏雲、ＰＳＣとも）はその名の通り、さまざまな色に輝く真珠母を思わせる。比較的珍しい雲で、高度15〜25キロの成層圏にある。さまざまな気象やふつうの雲が発生する場所よりも、はるか上のほうだ。真珠母雲は、日没からしばらく経ったあと、または日の出のしばらく前で、太陽が地平線の下にあり、雲は太陽に照らされているが、その下にある空気の層は照らされていない、というときに最もよく見える。この雲が珍しいのは、成層圏が大変乾燥した、基本的に水のない場所だからだ。そのうえ、非常に寒くなければならず、マイナス80℃を下回らなければこの雲は生まれない。さまざまな色に輝くのは、光の干渉や回折が原因で、これは雲を形作る氷晶の大きさが可視光線の波長に近いために生じる光学現象だ。

　真珠母雲は、どんなに美しくとも、実は有害なプロセスが進んでいることを物語る雲でもある。その表面では、フロンが分解されて生じた塩素が化学反応を起こしている。冬が終わって太陽が戻ってくると、この反応がもととなって、太陽が放つ有害な紫外線から人類などの生物を守ってくれているオゾン層の破壊が進む。

　成層圏にいったん入ったものは、そこにとどまったままだ。天候によって"洗い流される"ことがない。フロン類が開発された当初は、地表近くの通常の気象条件では反応したり分解されたりしない、という性質が高く評価されていた。だが、まさにその性質のせいで、成層圏からフロン類を長いあいだ、追い出せなくなっている。

茶色の雲

"スモッグ"は、煙（スモーク）と霧（フォッグ）を組み合わせた言葉だ。煤、二酸化硫黄、二酸化窒素、オゾン、重金属、道路の砂埃などが汚染物質（エアロゾル）になる。その源は、石炭、薪、ガソリン、ディーゼルの燃焼であったり、あるいはタイヤやアスファルト、工場、森林火災、土壌侵食であったりする。このように粒子がいろいろ混ざっているところに太陽エネルギーが加わると、化学的な性質を帯びた微小な粒子が空気に運ばれて、肺の奥深くまで入り込む。その濃度が最も高くなるのが、人口密度の高い都市部の冬だ。気温逆転によって、冷たい空気が無風のまま地表付近に居座るため、汚染物質がその源からなかなか離れていかない。

スモッグが黄褐色をしているのは硫黄のせいで、時折広大な範囲（アジアで発生することが多い）がスモッグに包まれ、衛星写真でも茶色い雲、いわゆる大気褐色雲が見えるほどになる。これは動植物や気象、そして地球全体の気候にも影響を及ぼす。

左の写真は、2014年1月にカザフスタン最大の都市、アルマトイで撮影された。上のほうにある澄んだ空気と、下に沈んだスモッグの層、人々が生活している層とのあいだに、くっきりとした境界線がある。

下の写真は、中国・阜陽の住人が2017年1月、スモッグの中でダンスや朝の体操をしているところ。当局はこのとき、人体に有害とされる大気汚染の警報3段階のうち、2番目に当たる"オレンジ警報"を発令していた。

雲の上では太陽が輝く

次ページ：地表近くに生じる雲は、層雲、または霧と呼ばれる。ふつうは厚さ数百メートルなので、人間が建てた高層ビルの中には、雲の上に突き出るものもたくさんある。上海の高層ビル群は、この写真にある通り、時折雲にすっぽり包まれる。そうなると、空気と雲が建物の周りを、ほかの気体や液体と変わらない動きで流れているのがわかるだろう。煙が障害物の脇をすり抜けていったり、水が浅瀬で障害物にぶつかったりするのと同じ動きだ。

未来の気象

　過去1万2000年ほどのあいだ、地球の気候は比較的安定していた。そのおかげで私たち人類は文明を発展させることができた、と言って差し支えないだろう。だが、海岸線のありよう、鉱物の流れ、堆積物、あらゆる生物など、この惑星のほぼ至るところに影響を及ぼし、変化させている私たちはいま、いわゆる"人新世"に入りつつある。規模のうえでもスピードのうえでも、人類の文明がいまだかつて経験したことのない気候変動や生態系の変化が、私たちを待ち受けている。そうした変化は、日常生活のテンポに比べればゆっくり起きているように感じられるかもしれないが、地質学的な観点からすると、私たちが引き起こしているのは爆発的な変化だ。前回、気候が大きく変わったのは、最終氷期が終わって地球の平均気温が4℃上がったときだが、その変化には6000年かかった。今回は、同じ規模の変化が100〜200年のあいだに起きかねず、しかもそれが加速している。いまの時点で確かなのは、気象がさらに極端になるだろうということだ。そして、気候も極端なものとなる可能性がある。

　気候や気象の変化は、以下のように分類できる。

1. **極端な事象の発生**。熱波、熱帯低気圧、洪水、地すべり、火災など。

2. **ゆっくりとした変化**。平均気温、植物の耐寒性区分、土壌侵食、海の酸性化と水温上昇、氷河の融解、海面上昇など。

3. **"ティッピング・エレメント"**。気候システムの性質が根本的に変わってしまうこと。例えば、メキシコ湾流などの海流、海の酸素レベル、針葉樹林の死滅、氷河の融解、モンスーンによる風雨、ジェット気流、広範囲にわたる珊瑚礁の死滅、さまざまなサブシステム同士のつながりなど。

　"地球システム学"という分野では、大気圏、水圏、生物圏、土壌、山、雪、氷、そして人間の活動がどのように作用し合っているかを研究する。すべてがつながっていて、さまざまな形で、さまざまな時間の尺度で、互いに影響を及ぼし合っている。人間もまた、紛れもなくこのシステム

の一部だ。これまで以上にそうだと言ってもいいかもしれない。私たちは地球そのものを変える力と化したのだから。

　気象や気候がこれからどのように変わっていくかを予測するに当たって、不確定要素は3つある。気候の自然な変動、人類による温室効果ガスの排出量、そして、地球システムのコンピューターモデルを私たちがどこまで構築できるかだ。その一方で、すでに確定していることもある。これまでの気候、現在の気候は、もう取り戻せないだろうということだ。変化は避けられない。とてつもなく大きな変化となる可能性も否定できない。

　スカンジナビア半島に暮らす私たちは、はっきりとした四季のある状態に慣れているが、これからは季節が3つしかない状態に慣れなければならないかもしれない。夏はいまより暑くなり、秋と春が冬のほうに食い込んでいって、冬は短くなる、あるいは完全になくなってしまう。だからといって大雪が降らなくなるわけではない。むしろ逆だ。気温が0℃に近ければ近いほど、空気中に含まれる水分の量は多くなるので、降水量は増える。だが、厳しい寒さが訪れる回数は減り、期間も短くなるだろう。渡り鳥が必要とし、これまではビュッフェのように用意されていた食料も、ひなに食べさせるころにはもう下げられてしまっているかもしれない。森はいまいる場所から動けないので、これまで遺伝子レベルで環境に適応してきたのが、新たな気象パターンにまったく合わなくなってしまっても、そのまま受け入れるしかないだろう。森というのは、樹木、その他の植物、動物、細菌、菌類が織りなす一つのシステムであって、いまから50年後に生き生きと栄えることになる森は、まだこの世に存在しない。変化はあまりにも速く、20年後には気候の新たな時代が始まっているかもしれず、さらにその50年後にはその次の時代が始まっているかもしれないのだ。自然はいったい、どの状態に適応すればいいというのだろう。

　赤道付近には、長時間屋外にいると命に関わるほどの暑さと乾燥が予想されている場所もある。氷河が融ければ、生態系、水の供給、海の水位にも影響が及ぶ。

　高度1万メートルのところを吹いている強風、ジェット気流は、極地と赤道の気温差によって生じるものだが、北極付近の気温の上がるペースが赤道付近の気温変化よりも速いせいで、ジェット気流が弱まり、動きの変動も激しくなっている。この結果、私たちの暮らす中緯度地方でも、高気圧や低気圧、温暖前線や寒冷前線の動きに影響が及ぶ。これで天候の“膠着状態”が増えるだろう、との説もある。高気圧が何週間も同じ場所にとどまって動かなかったり、低気圧がいくつも連なって、まったく衰える気配を見せずに次々と襲いかかってきたり、といったことだ。

　未来はそう遠いものではない。現代の私たちがどれほどのスピードで

動いているかを考えればなおさらだ。ある意味、未来の気象はもうすでに始まっているとも言えるだろう。人類がいまだかつて経験したことのない事象が起きている。以前にいまと同じぐらい気温が高かったのは13万年前、最終氷期が来る前の温暖期で、人類は火を起こしたり、言葉を使って話をしたりできるようになったばかりだった。以前にいまと同じぐらい二酸化炭素が空気中にあったのは（415ppm）、250万〜500万年前のことだ。当時、ホモ・サピエンスはまだいなかった。石や木で作った簡素な道具をはじめて使いこなし、あらゆるヒト属（ホモ属）の祖先とされている、ホモ・ハビリスすら存在しなかった。私たちの祖先は当時、地面に落ちている棒を拾うことすらしていなかったのだ。当時の海面は、いまよりおよそ25メートル高かった。グリーンランドに氷はなく、南極付近にヤシの木が生えていた。先史時代にあったことが、これからどの程度繰り返されることになるのだろう。

温度：未来には、いまよりもっと温度が上がる。いま極端だと思われていることが、もっと頻繁に起こるようになるだろう。極端な暑さとされているものが、さらに暑くなる。熱波の数が増え、範囲も広がる。極端な寒さがやって来る頻度は減る。海に熱が蓄積されて、嵐を引き起こす潜熱（せんねつ）が大きくなり、海水の範囲が広がり、氷河が融け、海面が上昇する。海流が変化する。珊瑚礁が死滅する。

降水：激しい降水の頻度も、大雨がもたらす降雨量も増えるだろう。とりわけ極地や熱帯でこれが顕著になる。北半球の中緯度地方（ヨーロッパ、米国北部、カナダ南部、ロシア南部、中国北部）の冬季も同様。熱帯低気圧がもたらす降水の総量が増える。一部の地域では降水の総量が減ると予測されるが、降るとなればいまより大量の降水となるだろう。地表から蒸発する水分が増えるので、一部の地域では乾季の乾燥が激しさを増し、これまでに極端な乾燥を経験したことのない地域も、そうした干魃（かんばつ）に見舞われるようになる。例えば、ヨーロッパ南部、地中海周辺、米国中部、中米、メキシコ、ブラジル北部、アフリカ大陸南部などだ。

風：熱帯低気圧の発生件数が増えるかどうかは未知数だが、発生した熱帯低気圧の最大風速は上がり、雨の激しさは増し、範囲は広がり、寿命も長くなる。海水温が上がるので、熱帯低気圧は今後恐らく、北半球ではより北のほう、南半球ではより南のほうで観測されるようになるだろう。それに押されて、中緯度地方に発生していた前線や低気圧がずれていく可能性も高い。

さまざまな現象：氷河は厚さも面積も減る。永久凍土は融解し続ける。そのせいで地すべりが増え、海面が上昇し、メタンの排出量が増える。海水温の上昇によって酸素濃度が下がり、珊瑚礁が死滅し、海が二酸化

炭素を吸収する力も弱まる。このため、人間が排出する温室効果ガスが空気中にとどまる率が上がる。長期的には、海もまた温室効果ガスの排出源となるかもしれない。

ティッピング・エレメント：気候変動によって、極端な気象にとどまらない、もっと大きな変化が起きる可能性もある。気候システムそのものに大規模な変化が及ぶ恐れがある。そうなったら、問題は熱波や豪雨、嵐どころでは済まなくなる。大規模な変化は"ティッピング・エレメント""眠れる巨人"とも呼ばれる。メキシコ湾流、砂漠化、海の酸素濃度、珊瑚礁、アマゾン熱帯雨林、モンスーンによる雨、永久凍土、氷河、北方林、その他さまざまなものに関わってくる問題だ。

　こうしたすべては深刻極まりない話とはいえ遠い未来のことだ、と思われるかもしれない。だが、科学が出した結論によれば、気候変動によって地球の平均気温が産業革命前と比べて1℃上がった時点で、上に述べたような事態の一つ、あるいは複数が現実になる可能性は捨てきれない。そして、私たちはすでにその段階にいる。

　温暖化の影響は、地球上でも場所によって異なるし、時期によっても変わってくる。人間やほかの生物の適応力もさまざまだ。自然というのは緩慢なもので、変化のスピードが遅い。それが人類による影響の緩衝材となっている。私たちの行動の結果はすぐには表れない。それは逆に言えば、私たちの及ぼす悪影響がいずれ減少したとしても、自然がすぐ"元通り"になるとは期待できない、ということでもある。

生態系：気象や気候が変われば、その変化に適応しきれないたくさんの生物種や、生態系全体に影響が及ぶ。生態系と気候システムのあいだにはフィードバックの循環があるので、生態系が変化すれば、こんどは気象や気候に影響が及ぶ。どう考えても結論は同じだ——私たちは今後、気候と生態系の変化、極端な事象の増加を目撃することになるだろう。

原因：気候が変化している原因は、目立たないながらも常に作用している自然の要因を除けば、なにより私たち人類が、地球に入ってくるエネルギーの量と宇宙に放射されるエネルギーの量のバランスを変えてしまったことにある。ここで関わってくるのが、大気汚染、温室効果ガスの排出、地表の変化（とくに森と農地）だ。大気汚染は、生物系に直接害を及ぼすのはもちろんのこと、地球を温める太陽エネルギー量増減の原因にもなる。二酸化炭素、メタン、亜酸化窒素、フロンの濃度が上がることで、温室効果が強まり、宇宙に放射される地球の熱エネルギー量が減る。土壌や植生の変化が温室効果ガスの排出につながり、地球のアルベド（太陽光を反射する率）や生態系に影響が及ぶ。

　結果として、エネルギーが地球に蓄積される。エネルギー収支の均衡が崩れているのだ。エネルギーを消し去ることはできない。それはさま

ざまな形を取り、気候システムのあちこちに蓄積される。広く知られている通り、これは"地球温暖化"と呼ばれている。この名称からも、熱エネルギーの問題だということがはっきりわかるだろう。

　エネルギー収支のバランスが崩れた部分のうち、90パーセント以上が海に吸収されていることを考えると、海水温が上がっている事実も驚くには当たらない。これによって魚類の個体数や珊瑚礁、海中の植生のみならず、氷河、メタンハイドレート（北極の海底で氷の結晶に閉じ込められているメタン）、海流、熱帯低気圧、海面の水位が変化しているのも、当然と言っていいだろう。また、空気中の二酸化炭素濃度が上がるにつれて、海が二酸化炭素を取り込み、海水の pH 値が下がって、海中の生物に影響が及ぶ。水が酸性化すると、石灰を使って殻や骨格を形成するすべての海中生物が、そのあおりを受けることになる。

　気象も、気候も、20世紀にふつうとされていたパターンに戻ることは決してないだろう。温室効果を助長したことで、人類は気候システムに興奮剤を与えたようなものだ。私たちは、さらに極端な気象に見舞われることになるだろうし、大規模な変化も覚悟しなければならない。

エピローグ

　完新世という地質時代は比較的安定していて、自然は複雑に絡みあったつながりや、レジリエンスのある（抵抗力のある、頑健な）システムを築き上げることができ、それがまた、完新世が安定している理由の一つとなっていた。安定した生態系と気候のおかげで、人類は狩猟採集生活を脱し、農業を、時代が下ってからは工業をも発展させて、インフラの整った現代社会を作り上げることができた。

　だが、そういうプロセス、そういうやりかたが、人類に豊かな暮らしと物質的な成長をもたらしてくれた一方で、その多くが生態系や気候に多大な影響を及ぼしてきたことも事実だ。地球の平均気温は、気候時代を区分けするための基準として使われる。氷河期の気温はいまより2〜4℃低かった。気温がほんの数℃上下するだけで、大変な差が出ることは明らかだ。これまでの100年間で、気温は1℃上がった。ところが、気候も、自然も、まだこの気温変化との折り合いをつけることができていない。たとえこの気温を維持できたとしても、氷河は融け続けるだろうし、海面も上がり続け、植物の耐寒性区分が変わるだろう。しかも気温はただ上がっているだけではない。上昇のスピードが加速してもいる。パリ協定では、気候変動による気温上昇を2℃までに抑え、1.5℃を目標とすることで合意した。この通りに上昇を抑え、カーブを緩やかにすることができたとしても、その変化は長期的に見れば、氷期に突入した場合の半分（ただし逆方向）にも及ぶことになる。

　人間が、これほどの大きな変化を起こしている。学者、政治家、産業界、各個人、社会全体がこのことを何十年も前から知っていながら、真剣にこの問題に取り組むことはついぞないままだった。問題の原因をそのままにしているだけではない。むしろ拡大させている。それも、指数関数的に。1990年、国連の気候変動に関する政府間パネル（IPCC）が最初の評価報告書を出した。以来、私たちは交渉を続け、カーボンオフセットを試み、効率化を進め、製品開発に努め……それでもなお、排出量は60パーセント増えているのだ。

　人類は、ものごとのつながりを自然科学で説明し、それを利用して技術や医学などを発展させることにかけては、多大な成功を収めてきた。だがそのせいで、好きなように操り、コントロールできるものとして自然を捉えがちだ。少なくとも、大災害は避けられる、と思いたがる。米

国フロリダ州のマイアミで、極端な気象や気候の深刻なリスクについて、こんなことを言った人がいた——「ここには裕福な人がたくさんいるから、そんなことは起こらないようにできますよ」。裕福であろうとなかろうと、人間は氷河の融解を止めたり、気温が上がって水の範囲が広がるのを止めたりすることはできない。そうして足が水浸しになる。いくら高価な靴を履いていても、だ。

パリ協定で決めたことをいまから実現させるのは、決して不可能ではないが、スタートが大幅に遅れているのは事実だろう。だからといって決めたことを諦める理由にはならない。むしろ目標設定が低すぎることを批判すべきだ。協定の目標を達成するため、私たちにできること、私たちの想像力が及ぶ限りのことをすべてやらないとしたら、それは自殺行為と言っていい。

完新世から遠ざかれば遠ざかるほど、ますますはっきりしてくるのは、自然資源を管理し豊かな生活を築いてきた私たちのやりかたが、いったいどんな副作用や影響をもたらしたか、見て見ぬふりをすることはもうできないし、その埋め合わせをすることもできない、という事実だ。これは"ゼロ・サム・ゲーム"ではないし、私たちはゲームの大詰め、"エンド・ゲーム"の段階を迎えているわけでもない。誰かが負けて誰かが勝つというものではないし、"気候を救う"というゴールにたどり着いた、と断言できるタイミングがはっきりしているわけでもないのだ。

いまこのような状況に陥っているわけを物理学的に説明するなら、それは人類が地球のエネルギー収支を変化させたから、ということになる。さらに人類は、生態系全体にも、一つ一つの生物種にも、とてつもなく大きな影響を及ぼしていて、プランクトンから霊長類まで、地球上のあらゆる陸地、あらゆる水流や海の中に生息する、あらゆる生物を激減させてきた。方法はいろいろだ——インフラ建設、森林伐採、大規模な単一栽培農地の造成、乱獲、粒子の排出、化学物質による汚染、医薬品の廃棄、プラスチック、騒音、光など。

人類はほかの生物に破滅をもたらす。これはもちろん、いつ、どこでも当てはまるわけではない。だが、人類のやっていることを総合した結果が、現在進行中の"6度目の大量絶滅時代"だ。これまでの5回の中では、その最後に当たる5度目、恐竜が絶滅した6600万年前の大量絶滅が最もよく知られているだろう。過去にそうだったように、破壊された生態系が再び複雑なつながりを築き上げ、植物種や動物種を取り戻すことも、決して不可能ではない。それは歴史を見れば明らかだ。だが、時間はかかる。

私たち人類は、自分たちが自然を所有していると考え、論理的な思考力、技術、エネルギーをてこにして、勝手に自然を"管理"し変形させてきた。いまの暮らしを続ければ厄介なことになると、私たちは重々承

知している。それでもなお、なにはともあれこれまでと同じ道を行くのがいちばんいいのだと考え、その根拠もなにかと見つけてくる。このまま行けば、物質的にも社会的にも精神的にも、いま以上の豊かさと幸せが待っているに違いない。豊かさをもたらしてくれるのは技術と経済成長だ。将来のイノベーションで、いまある問題も、これからの問題も解決されるだろう、と。だが、こうしたストーリーの正当性に、多くの人が疑問を抱きはじめている。人類も自然というシステムの一部でしかない、そのシステムは人類よりも大きく、人類にはコントロールできないものだ、と気づく人が増えている。あるシステムの中で、一部が指数関数的に成長した場合、システム全体が同じテンポで変化に適応していなければ、ほかの部分が崩壊してしまう。

　いまある環境関連の法制度では、自然の豊かさを奪うことが合法になっている。誰がなにをしてよいかに制限はあるが、環境や生態系そのものを守ろうとはしてはいない。眠った状態で生きているのでもない限り、誰もがそろそろ気づいているはずだ。私たちが、与えられた財産を食い潰しながら生きているということに。自然という、密接に絡み合った関係性の網、人間に必要不可欠なその網を、私たちが自ら破り、引き裂いているということに。

　自然は、何万年、何億年という年月をかけて形作られ、発展してきた一つのシステムだ。ばねのように跳ね返り、吸収し、破壊され、成長し、変化する。そして、人間もそのシステムの一部だ。自然がなければ、私たちはそもそも存在できない。私たちが、自分に所有権がある、支配権があると思い込んでいるものは全部、元をたどれば自然から来ている。私たちが食料庫扱いしている、この豊かな生物多様性も、自然の力で築き上げられたものではないか。ところが、その食料庫が抱えている品々も、提供してくれるサービスも、人間が"資源管理"を口実に、棚の奥深くへ、さらに奥へともぐり込んだせいで、徐々に酸っぱくなって枯渇しつつある。私たちは自然を、製品、売り上げ、資産価値、資本などといった、人類だけがありがたがる指標や変数に変えてしまっている。

　そうすることで私たちは、自分の座っている木の枝を、自ら切断しているだけではない。私たちは、切断されている枝そのものだ。

　いま人類がはまりこんでいる環境問題の泥沼を、うわべだけで解釈するなら、人間はもっとうまく自然を管理しなければならない、学者の言っていることにもっと耳を傾けるべきだ、自分の欲求を満たすことだけを考えるのはよくない、環境と自然を守るための法や規則をもっと制定し、よく守らなければ、などといった結論になるだろう。だが、いまの状況を考えると、もっと深いところに目を向ける必要がありそうだ。

　そうすると、自然を対象物とみなすのではなく、存在するだけで価値のある主体、あるがままのペースで存在し、発展し、繁栄し、変化する権利をもった主体として捉えるべきだ、ということが見えてくる。つま

り、地球上に生きるほかの生物たちと私たちとの関係を特徴づけてきた、人間中心主義的なものの見方を変えなければならない。私たちはほかの生物と共存しているのだ、と理解しなければならない。

　これは、地球が太陽系の中心ではないという発見に匹敵するパラダイムシフトだ。人間は、あらゆる被創造物の頂点でもなんでもない。常に発展し続けるほかの生物との関係性の中で生きている。私たちが存在し、発展する権利を、同じように生きているほかのシステムと切り離して考えることはできない。

　自然や生態系、ほかの生命体を、なんの権利もない、人間より劣った単なる対象物とみなすのではなく、主体とみなすということはつまり、こうしたものに法的な権利が与えられ得るということだ。それはまた、人間には権利だけでなく、ほかの生命システムに対する義務もある、ということでもある。対等になるのだ。企業や団体も、権利や義務を有する法人とみなされることがあるのだから、これは決して妙なことではない。自然の権利を認めれば、人間のニーズと、ほかの種やシステムのニーズとのバランスが取れるようになる。人間社会のルールは書き換えられ、未来に向けての基盤ができるだろう。私たち人間が、人生や社会の目標、目的、意味を考えるに当たって、この地球の生命という複雑なシステム、なくなったら生きていけなくなるこのシステムを視野に入れるようになる、そんな未来への基盤が。

　周囲の環境を対象物としてではなく、主体として捉える。それだけで、いまある問題やこれから起こる問題が、すべて解決されるわけではない。だが、このままでは破滅しかもたらさない、私たち自身の生命への関わりかたを、修復するきっかけにはなる。比較的安定した気候、豊かで頑健な生態系のあった時代は、もう終わった。未来は私たちにとって、どんどん先の読めないものになっていくだろう。人間がいま以上に自然をコントロールすることはできない。むしろ逆だ。人間は、人間よりも大きなシステムの一参加者でしかない。ゲームのルールを決めるのは、私たちではないのだ。

気象記録

乾燥
・チリのアタカマ砂漠には、降水が観測されたことのない場所がある。

日照時間
・最長日照時間：4300 時間（最大値の 97 パーセント）、サハラ砂漠東部

湿度、露点温度
・観測史上最高露点温度：35℃、サウジアラビア・ダーラン、2003 年 7 月 8 日

気圧
・地表での観測史上最高気圧：海抜 262 メートルで 1083.8 ヘクトパスカル、ロシア・シベリアのアガタ、1968 年 12 月 31 日
・観測史上最低気圧：870 ヘクトパスカル、熱帯低気圧"チップ"（訳注：昭和 54 年台風第 20 号）の中心、太平洋西部、1979 年 10 月 12 日

降雨
・1 分間降雨量の最多記録：31.2 ミリ、米国・ユニオンビル、1956 年 7 月 4 日
・1 時間降雨量の最多記録：305 ミリ、米国・ホルト、1947 年 6 月 22 日
・24 時間降雨量の最多記録：1825 ミリ、インド洋のレユニオン島・フォクフォク、1966 年 1 月 7 ～ 8 日
・年平均降雨量の最多記録：1 万 1873 ミリ、インド・マウシンラム

・年降雨量の最多記録：2 万 6470 ミリ、インド・チェラプンジ、1860 年 8 月 1 日～ 1861 年 7 月 31 日
・雨の降った日数の年間最多記録：350 日、ハワイ・ワイアレアレ山

雹
・最も重い雹：1 キロ、バングラデシュ・ゴパルガンジ、1986 年 4 月 14 日
・雹粒の凝集した雹で、最も重いもの：4 キロ、中国・余吾、1902 年

雪
・年降雪量の最多記録：29 メートル、米国ワシントン州マウント・ベイカー・ロッジ、1998 ～ 99 年の冬
・24 時間降雪量の最多記録：1.93 メートル、米国コロラド州シルバー・レイク、1951 年 4 月 14 ～ 15 日
・積雪の最深記録：11.82 メートル、日本・伊吹山、1927 年

氷山
・漂流する最大の氷山：B － 15、面積 1 万 1000 平方キロ（岐阜県の面積に匹敵）。2000 年 4 月 13 日、南極のロス棚氷から分離した。

海水温
・最高水温：37℃、ペルシャ湾
・最低水温：－ 2℃、北極海（塩水は 0℃を下回る温度で凍結する）

気温
・最低気温：－ 89.2℃、南極・ボストーク基地、1983 年 7 月 21 日
・定住地での最低気温：－ 71℃、シベリア・オイミャコン、1964 年
・年平均気温の最低記録：－ 58℃、南極・到達不能極基地
・最高気温：56.7℃、米国カリフォルニア州デスバレー、1913 年 7 月 10 日
・年平均気温の最高記録：34.4℃、エチオピア・ダロル、1960 ～ 66 年
・気温上昇の最速記録：2 分間で 27℃（－ 20℃から＋ 7℃）、米国サウスダコタ州スピアフィッシュ、1943 年 1 月 23 日
・24 時間での気温変化の最高記録：－ 56℃（＋ 7℃から－ 49℃）、米国モンタナ州ブラウニング、1916 年 1 月 23 ～ 24 日

風
・最も風の強い場所：南極・コモンウェルス湾の平均風速は 19 メートル。観測された最大風速は 89 メートル
・5 分間での平均風速／瞬間風速の最大記録（竜巻や熱帯低気圧を除く）：84 メートル／ 103 メートル、米国・ワシントン山、1986 年 3 月 20 日
・熱帯低気圧による最大瞬間風速：113.2 メートル、オーストラリア・バロー島、1996 年 4 月 10 日
・1 分間平均風速の最大記録：96.2 メートル、ハリケーン・パトリシア、太平洋北東部、2015 年 10 月 23 日

・10 分間平均風速の最大記録：78.2 メートル、サイクロン・ウィンストン、太平洋南部、2016 年 2 月 20 日

・竜巻による最大瞬間風速：142 メートル、米国オクラホマ州、1999 年 5 月 3 日

熱帯低気圧

・最大：直径 2220 キロ、ハリケーン・チップ、太平洋北東部、1979 年 10 月 4 ～ 24 日

・最大被害総額：1250 億ドル（2017 年、米ドル換算）、カリブ海と米国を襲った 2005 年のハリケーン・カトリーナおよび 2017 年のハリケーン・ハービー

・12 時間／ 24 時間降雨量の最多記録：1144 ／ 1825 ミリ、サイクロン・デニーズ、インド洋南部、1966 年 1 月 7 ～ 8 日

・竜巻の最多発生数：2004 年 9 月 15 ～ 18 日、ハリケーン・アイバンにより、米国南部と東部で 120 の竜巻が発生

・熱帯低気圧積算エネルギー（ＡＣＥ）の最大記録：82、ハリケーン・イオケ、太平洋、2006 年 8 月 20 日～ 9 月 12 日

・寿命と移動距離の最長記録：31 日間・1 万 3180 キロ、ハリケーン・ジョン、太平洋北部、1994 年 8 月 11 日～ 9 月 10 日

・高潮の最大記録：13 メートル、サイクロン・マヒナ、オーストラリア・クイーンズランド州、1899 年 3 月 5 日

・高潮の記録、第 2 位：10.6 メートル、サイクロン・ボーラ、東パキスタン（現在のバングラデシュ）、1970 年 11 月 12 日。現代の自然災害としては極めて多数の死者を出した。

竜巻

・移動距離と寿命の最長記録：352.4 キロ・3.5 時間、米国ミズーリ州エリントンからインディアナ州プリンストンまで、1925 年 3 月 18 日

・同じ気象条件下で発生した竜巻の最多発生数：207、米国南東部、2011 年 4 月 27 日

・最大記録：直径 4184 メートル、米国オクラホマ州エル・リーノで発生したＥＦ５の竜巻、2011 年 5 月 31 日

・物体が竜巻によって運ばれた距離の最長記録：359 キロ、個人小切手が米国カンザス州ストックトンからネブラスカ州ウィネトゥーンまで運ばれた。1991 年 4 月 11 日

波

・船舶から観測された最大有義波高（15 以上の波の平均値）：18.5 メートル、ＲＲＳディスカバリー号、北大西洋、2000 年 2 月 8 日

・浮標から観測された最大有義波高（15 以上の波の平均値）：19 メートル（最大波高は約 27 メートル）北大西洋、2013 年 2 月 4 日

雷

・最長距離：321 キロ、米国オクラホマ州、2007 年 6 月 20 日

・最長寿命：7.74 秒、フランス・プロヴァンス＝アルプ＝コート・ダジュール地域圏、2012 年 8 月 30 日

多くの死者を出した自然災害

・高潮：死者 30 万～ 50 万人、サイクロン・ボーラ、インドおよび東パキスタン、1970 年 11 月 12 日

・高潮：死者 300 万人以上、中国・長江、1931 年

・地震：死者約 83 万人、中国・陝西省、1556 年。第 2 位：死者 30 万人、ハイチ、2010 年 1 月 12 日

・津波：死者約 23 万人、インド洋、2004 年 12 月 26 日

・竜巻：死者約 1300 人、バングラデシュ・マニクガンジ、1989 年 4 月 26 日

・落雷を伴う嵐：死者 469 人、エジプト・ドロンカ、1994 年 11 月 2 日

・1 件の落雷：死者 21 人、ジンバブエ・マニカ族信託地、1975 年 12 月 23 日

・雹：死者 246 人、インド・ムラーダーバード、1888 年 4 月 20 日

索引

190

写真出典

ナショナル ジオグラフィック協会は1888年の設立以来、研究、探検、環境保護など1万3000件を超えるプロジェクトに資金を提供してきました。ナショナル ジオグラフィックパートナーズは、収益の一部をナショナルジオグラフィック協会に還元し、動物や生息地の保護などの活動を支援しています。

　日本では日経ナショナル ジオグラフィック社を設立し、1995年に創刊した月刊誌『ナショナル ジオグラフィック日本版』のほか、書籍、ムック、ウェブサイト、SNSなど様々なメディアを通じて、「地球の今」を皆様にお届けしています。

nationalgeographic.jp

世界の天変地異
本当にあった気象現象

2021年6月21日　第1版1刷

著　者　マッティン・ヘードベリ

翻　訳　ヘレンハルメ美穂

編　集　尾崎 憲和

装丁・デザイン・制作　清水 真理子(TYPEFACE)

発行者　滝山 晋

発　行　日経ナショナル ジオグラフィック社
　　　　〒105-8308 東京都港区虎ノ門4-3-12

発　売　日経BPマーケティング

印刷・製本　加藤文明社

ISBN978-4-86313-495-9
Printed in Japan

乱丁・落丁のお取替えは、こちらまでご連絡ください。https://nkbp.jp/ngbook